핵심 제품까지 공개한

성심당 케이크 레시피

1956년 대전역 앞에서 시작한 성심당과 1967년 은행동 153번지로 이전했을 당시 초창기 모습으로,
대전과 성심당의 시대적 의미를 담은 그림입니다.

BnCworld

발간사

모든 분께 온 마음으로 감사드립니다

지난 2016년 성심당 창업 60주년 이후 60주년 기념 전시, 성심당 이야기를 담은 책 출간, 제빵 뮤지컬과의 협연, 그림책 발간, 성심당문화원 개관, 『성심당 케이크 부띠끄 클래식 레시피 60』 발간 등 다양한 시도를 해 왔습니다. 그리고 성심당은 이제 곧 창업 70주년을 맞이 합니다. '성심당은 대전의 문화'라는 분에 넘치는 사랑으로 오늘날의 성심당이 되었고, 또, 전국 각지에서 찾아주시는 고객님들의 두터운 지지 덕분에 더욱 힘을 얻고 있다고 생각합니다. 저희를 도와주시는 모든 분들께 깊이 감사드립니다.

2011년 대전 롯데백화점, 2012년 대전역점 입점에 이어 2013년 성심당의 정신이 깊이 배어있는 은행동 신관에 케익부띠끄를 열게 되었습니다. 유럽과는 달리 대부분 빵과 케익을 함께 하는 우리나라의 제과점 형태에서 늘 숙원했던 빵과 케익의 전문성을 살린 제과제빵의 분리를 시도하였습니다. 준비과정을 통해 성심당의 모든 디저트 제품과 베스트셀러 케익을 재검토하게 됐고, 이 과정 안에 안종섭 셰프의 노하우가 성심당의 오랜 전통과 접목되어 '성심당 케익부띠끄'만의 케익과 디저트제품이 탄생하였습니다. 이 지면을 빌어 안종섭 셰프와 오늘날의 성심당이 있기까지 땀과 열정을 바쳐 함께한 모든 성심인의 노고와 헌신에 깊은 감사를 드립니다.

그동안 저희는 업계 분들에게서 매장 운영 노하우와 제품 레시피에 관해 많은 질문을 받았습니다. 이를 궁금해 하는 분들에게 조금이나마 도움이 되고자 이 책을 기획하게 되었습니다. 평소 성심당에 관심이 있던 분들이나 제과 전문가의 길을 꿈꾸고 있는 후배들에게 유용하고 흥미로운 책이 되길 희망합니다.

성심당은 '모든 이가 다 좋게 여기는 일을 하도록 하십시오'라는 경영이념 하에 직원과 거래처는 물론 고객과 사회가 좋게 여기는 일을 하기 위해 노력하고 있으며, 사랑과 나눔의 문화를 이루어 가고자 합니다. 이 책을 통해 디저트 애호가부터 전문가에 이르기까지의 많은 이들이 성심당케익부띠끄의 디저트가 실제 만들어지는 '클래식레시피'를 참고함으로써 제과업계의 발전에 보탬이 되고, 사랑을 기초로 한 성심당의 경영이념이 사회에 더 널리 퍼져 나가길 바랍니다.

로쏘(주) 성심당 대표이사 임영진

추천사

안종섭 셰프의 노하우가 담긴 책

안종섭 셰프와는 제자였던 조준형 셰프의 소개로 처음 연을 맺게 되었습니다. 처음 만났을 당시 그는 일본에서 제과제빵 공부를 깊이 있게 처음부터 다시 하고 싶다는 의지를 불태우던 젊은이었습니다.

그는 일본에 머무르는 동안 모든 일을 저에게 상담해 주었고, 저의 충고 하나하나를 깊이 새겨듣고 실천하려고 최선을 다하였습니다. 매사에 열심이었던 그는 1년여 만에 일본어 능력시험에서 1급을 획득했고, 일본인으로 착각할 정도로 발음도 좋아졌습니다. '릴리엔베르그', '보와라'를 비롯한 일본의 유명 제과점들에서 근무할 때는 점장, 사장, 동료들로부터 신뢰와 좋은 평가를 받는, 모범이 될 만한 직원이었습니다. 경영자가 장기체류비자 취득에 힘써 줄 정도로 가게에 소중한 존재이기도 했습니다. 또한 인간관계에서도 누구든 좋아할 수 밖에 없는 사람이었습니다. 동경제과학교에서는 우등생으로 졸업해 이사장님과, 교장 선생님, 교수님들의 사랑을 듬뿍 받기도 했습니다.

안종섭 셰프는 변함없이 매일매일 노력하는 사람, 타인을 존중하고 사랑할 줄 아는 사람, 감사의 마음을 표현할 줄 아는 사람입니다. 수준급의 파티시에일 뿐만 아니라 인품 좋은 신사이기도 합니다. 다시 말해 '인간성 풍부한 파티시에'라고 할 수 있습니다. 저 또한 안종섭 셰프와의 만남으로 많은 것을 배울 수 있었기에 그와의 인연에 감사하고 있습니다.

안종섭 셰프가 일본과 한국에서 배우고 노력하며 축적한 기술의 결집을 이 책을 통해 보게 돼 자랑스럽고 행복합니다. 분명 많은 제과인들의 기대에 부응하는, 두고두고 참고할만한 모범서가 될 것입니다.

이 책의 발간에 축하의 말씀을 드리며 성심당의 무궁한 발전과 안종섭 셰프의 선전과 건승을 빕니다. 앞으로도 모든 면에서 모범이 될 수 있도록 더욱더 노력하는 모습을 기대하겠습니다. 이 책에 존경의 마음을 담아 여러분께 추천드립니다.

前 일본 양과자협회 연합회 위원

현대의 명공 구와바라 세이지(桑原清次)

프롤로그

제과인의 삶을 살아온 지도 어느덧 36년의 세월이 흘렀습니다. 돌아보면 온전히 달콤한 케이크와 빵을 만드는 일에 깊게 빠져 지낸 시간들이었습니다. 가득 쌓인 설거지거리와 뜨거운 오븐 앞에서 힘든 시간을 보내기도 했지만 꿈이 있었기에 앞을 보면서 달릴 수 있었습니다. 어려운 사람들도 쉽게 다가설 수 있는 문턱이 낮은 가게, 멀리서 손님이 일부러 찾아오는 가게, 내 고장에 있어 자부심과 행복을 느끼게 하는 가게에서 일하고 싶다는 꿈 말입니다. 지금 제게는 성심당이 바로 그런 곳입니다.

이 책에는 '성심당 케익부띠끄'의 베스트셀러 제품부터 케이크와 타르트, 마카롱, 쿠키, 초콜릿 그리고 잼에 이르는 다양한 제품들의 비밀 레시피들이 차곡차곡 담겨있고, 지난번 출판 때 제외했던 순수시리즈도 이번 증보판에 모두 포함시켰습니다. 지난 2013년 12월 20일에 오픈한 '성심당 케익부띠끄'는 '빵과 케이크의 분리'라는 성심당의 오랜 계획을 실행에 옮긴 결과입니다. 대표님의 숙원이기도 했고, 업계에 큰 변화를 가져올 중요한 전환점이 될 사건이었기 때문에 모든 팀원들이 혼연일체가 되어 힘을 모았습니다. 그 모든 노력 끝에 성심당의 분위기와 정신, 근본을 훼손하지 않으면서도 모던함을 살린 '성심당 케익부띠끄'를 성공적으로 선보일 수 있었고, 지금까지 많은 사랑을 받고 있습니다. 그 시작점에 제가 함께할 수 있었다는 사실은 큰 영광이자 보람입니다.

저는 과자를 만드는 일이 결코 공산품을 생산하는 일과 같다고 생각하지 않습니다. 똑같은 원료와 공정으로 만들더라도 시간이나 날씨 같은 자연의 변화에 따라 전혀 다른 제품이 만들어질 수 있는 게 과자입니다. 마치 살아 있는 그 무엇처럼 말입니다. 따라서 좋은 제품을 만들기 위해서는 진심과 정성을 담아야 합니다. 요즘 고객들은 어쩌면 만드는 이들보다 훨씬 뛰어난 안목을 지니고 있습니다. 진심과 정성이 아닌 요행에 기댄 제품은 고객들에게 외면받을 것입니다. 고객들을 만족시키기 위해선 어떤 제품을 만들어야 하고, 어떻게 만들어야 하는지 끊임없이 스스로에게 질문을 던져야 합니다. 새로운 소재와 원료가 계속해서 나오고, 고객의 취향도 빠르게 바뀌어 가는 현실에서 이러한 고민은 끝없는 숙제입니다. 그 답을 찾아나가는 과정에 이 책이 조금이나마 역할을 할 수 있기를 바랍니다.

마지막으로 이 책을 발간할 수 있도록 많은 지원을 해주신 대표님과 항상 응원해 주신 모든 성심인 여러분께 머리 숙여 감사를 드립니다.

성심당 이사 **안종섭** Ahn Jong Sub

CREPE MARRON
60.TH

Contents

Chapter 01

꾸준히 사랑받는 성심당 홀케이크
Whole Cake

Chapter 02

나누고 싶은 작은 행복
Petit Gateau

Chapter 03

마음을 녹이는 힐링 디저트
Dessert

Contents

Chapter 04

어젯밤 꿈에 나타난 마카롱
Macaron

Chapter 05

아이가 좋아하는 오후 4시의 간식
Cookie

Chapter 06

서툰 마음을 전하는 달콤한 정성
Chocolate

Chapter 07

특별하지 않은 날 특별한 잼
Jam

재료

달걀

달걀은 기포성과 열응고성이 뛰어나 제과에 많이 사용되는 재료이다. 수분이 전체량의 75%를 차지하며 신선도뿐만 아니라 품질 또한 매우 중요하다. 닭에게 주는 사료에 따라 노른자의 색이 결정되기도 하고 계절에 따라 품질도 차이가 많이 난다. 신선한 달걀은 노른자와 흰자가 힘이 있고 탱탱하다. 이 책에서 사용하는 달걀은 모두 유정란으로, 껍질을 제외하고 달걀 1개당 50g을 기준으로 하고 있다. 만드는 제품에 따라 사용방법을 달리하여야 하고 냉장보관이 중요하며 달걀 내의 공기구멍을 위로 오게 해 보관하여야 신선도가 오래 유지된다.

공주알밤

밤의 맛과 향은 여러 제품에 응용이 가능하다. 외부업체에서 가공한 밤은 보존과 유통을 고려하여 만들었기 때문에 원래의 밤 맛하고는 차이가 날 수 있다. 때문에 자연 그대로의 맛과 좋은 향의 밤을 사용하기 위해서는 직접 가공하는 것이 좋다. 충남 공주는 기후와 토양이 밤 재배에 적합하여 좋은 품질의 밤을 많이 생산하고 있으며 특히 9~10월에 수확해 바로 사용할 때 맛이 가장 좋다.

바닐라빈

바닐라는 디저트 제품에 가장 잘 어울리는 향 중 하나이다. 그 종류도 에센스, 농축액, 오일, 바닐라슈거, 바닐라빈 등 매우 다양하며 제품 종류에 따라 구분해 사용할 수 있다. 특히 크림류에 많이 사용되는 바닐라빈은 다른 재료를 섞지 않고 숙성하였기 때문에 자극적이지 않고 부드러우며 향이 은은하다.

바닐라농축액(Vanilla Extract)

바닐라농축액은 바닐라빈을 시럽에 담가 추출하기 때문에 향은 다소 약하지만 자극적이지 않은 것이 특징이다. 구움과자를 만들 때 주로 사용하며, 제품에 바닐라 향을 돋울 뿐만 아니라 달걀의 비린내와 기타 잡내를 잡아주는 효과가 있다.

밀가루

밀가루는 단백질 함유량에 따라 크게 강력분, 중력분, 박력분으로 나눌 수 있다. 제과에서는 단백질 함유량이 낮은 중력분과 박력분을 주로 사용한다. 이 책에서는 특히 박력분을 많이 사용하였으며, 박력분은 단백질(7~8.5%)을 가장 적게 함유하는 대신 당질(75.5%)을 가장 많이 함유하고 있다. 밀가루는 입자가 고울수록 좋으며 사용하기 전에 체를 쳐야 덩어리지지 않는다.

버터

버터의 종류는 크게 가염버터, 무염버터, 발효버터로 나눌 수 있다. 가염버터는 버터 중량의 1~2% 소금이 함유되어있어 무염버터보다 보존성이 높지만 우유 고유의 풍미는 떨어질 수 있다. 무염버터는 가장 무난하게 사용되고 있으며 가격이 비싸 마가린과 섞어 사용하는 경우도 있다. 발효버터는 크림을 분리한 단계에서 유산균을 첨가하여 발효시킨 것을 말하며 버터의 발효향과 깊은 우유의 향을 필요로 하는 굽는 제품에 많이 사용된다.

당절임 삼색콩

구움과자에 사용되는 당절임 콩은 그냥 먹었을 때는 부드럽지만 제품에 넣어 구웠을 땐 딱딱해지는 경우가 있다. 그런 경우는 당절임을 충분히 하지 않아 당의 침투가 너무 짧은 시간에 이뤄졌을 가능성이 높다. 성심당에서 사용하는 삼색콩은 충분한 시간을 두고 당절임을 해 구운 후에도 부드러워 제품의 식감과 잘 어울린다.

아로니아

안토시아닌을 블루베리보다도 많이 함유하고 있어 웰빙 베리로 알려져 있다. 생으로 처음 먹을 때에는 떫은맛 때문에 거북스러울 수 있지만 먹다 보면 익숙해진다. 농약을 치지 않고 재배하여 껍질째 사용할 수 있고 각종 음료, 구움과자, 잼류에 다양하게 활용 가능하다.

아이스당

단맛이 물엿보다 6~10% 정도 낮은 무색무취의 액상 감미료이다. 물엿의 수분이 14~17%인데 비해 아이스당은 20~25% 정도이다. 특히 카스텔라를 만들 때 사용하면 물엿보다 점성이 낮아 반죽을 휘핑할 때 좀 더 수월하며 겨울에도 데우지 않고 사용할 수 있어 편리하다.

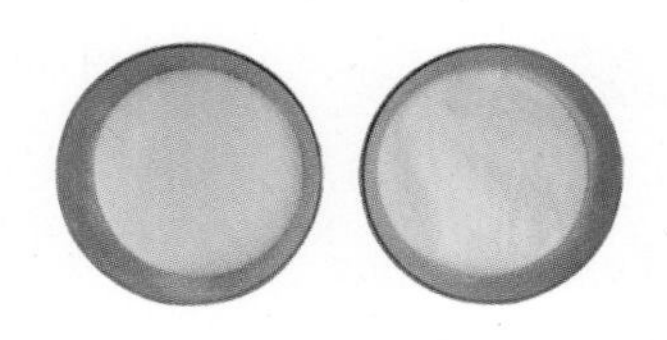

트레할로스, 설탕

주원료는 전분(옥수수전분, 타피오카전분)이다. 설탕의 역할을 충분히 하면서 감미는 설탕 대비 45% 정도이기 때문에 제품을 만들 때 많이 사용되고 있다. 가격이 설탕보다 비싸지만 잘 조절하면서 사용하면 감미 조절에 도움이 된다. 찬물에서는 설탕보다 잘 녹지 않지만 끓였을 때에는 더 잘 녹는다는 장단점이 있다.

피스타치오

중, 서아시아 지역에서 많이 생산되며 색이 곱고 맛이 고소해 제품 충전물과 장식에 자주 사용된다. 피스타치오 슬라이스를 만들 때에는 물에 소금을 1% 정도 넣고 끓이다가 피스타치오를 넣고 부드러워지면 꺼내 가늘게 썬 다음 오븐에서 말리면 된다. 빛에 의해 색이 변하므로 알루미늄포일에 싸서 시원한 곳에 보관해야 오랫동안 사용할 수 있다.

젤라틴

응고제의 일종으로 무스케이크나 냉장젤리제품에 많이 사용한다. 약 50~60℃에서 용해되며 사용량은 수분대비 ±3% 정도이다. 제품은 25℃ 이상이면 융해되기 때문에 냉장보관을 요하며 PH3.5 이상에서 사용하는 것이 좋다. 이 책에서 사용한 젤라틴은 판젤라틴으로, 찬물(5℃)에서 5배로 불린 후 녹여서 사용할 수 있다.

생크림

생크림은 유지방 함유량이 높을수록 온도 관리가 굉장히 중요하여 입고에서부터 보관, 휘핑 과정, 제품 제조와 판매를 거쳐 고객의 이동시간까지 고려한 세심한 배려와 철저한 관리가 필요하다. 이 책에서 사용한 생크림은 유지방 함유량 41%의 제품으로, 온도에 민감한 대신 그만큼 깊은 풍미를 자랑한다.

도구

반죽주입기

온도 유지가 필요한 제품과 너무 뜨겁거나 차가워서 짤주머니로는 작업이 어려운 제품에 사용하기 좋은 도구이다. 푸딩류 같은 액체 상태의 반죽, 묽은 잼 등의 다양한 반죽에 사용되며 특히 입구가 좁은 케이스에 반죽을 주입할 때 편리하다. 단 충전물이 나오는 부분이 항상 원형이 유지될 수 있도록 세척과 보관을 할 때 찌그러지지 않도록 주의해야 한다.

몽블랑 반죽주입기

몽블랑이나 된반죽의 쿠키를 짤 때 노즐만 바꿔주면 편리하게 이용할 수 있다. 짤주머니를 사용할 경우 된반죽은 힘을 주어 짜면 기름이 새어 나올 수 있다. 또 몽블랑의 경우 한번에 많은 양을 짜다 보면 크림 온도가 상승하거나 비위생적이 될 가능성이 높은데 이 도구를 사용하면 연속작업이 가능하다. 조금만 숙달하면 누구나 손쉽게 사용할 수 있는 기구이다.

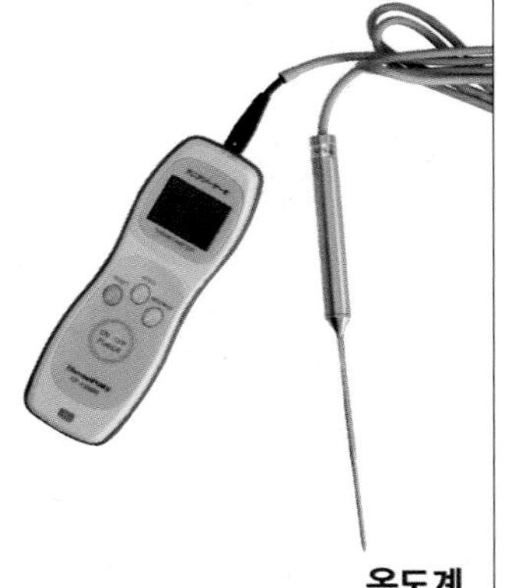

온도계

온도계는 알코올 온도계부터 수은 온도계, 오븐 내에 장착되어 있는 내열성 온도계, 디지털 온도계, 적외선 온도계에 이르기까지 종류가 다양하므로 품목과 용도에 따라 구분하여 사용한다. 사진에 나온 온도계는 디지털 온도계로, −50~+280℃까지 온도 체크가 가능하며 반응이 빨라 현장에서 편리하게 사용할 수 있다.

제스터

과일의 향은 껍질에서 많이 난다. 특히 제과에서는 레몬, 오렌지 등 감귤류의 껍질을 많이 사용하는데, 하얀 속껍질은 쓴맛이 강하고 식감이 좋지 않기 때문에 겉껍질만을 벗겨내 이용한다. 제스터를 이용하면 겉껍질만 고르게 벗겨낼 수 있다.

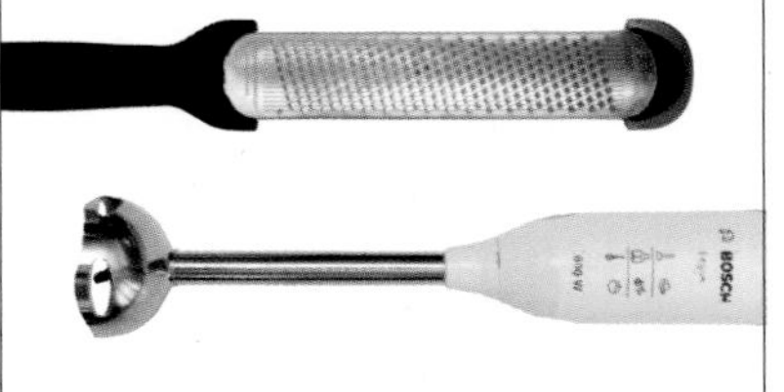

핸드블렌더

휘퍼를 이용해 손으로 휘핑할 경우 입자가 거칠고 공기가 많이 혼입되기 쉽다. 이때 핸드블렌더를 이용하면 칼날에 따라 공기를 빼거나 입자를 곱게 갈 수 있다. 열전도율을 낮게 하기 위해서는 회전속도가 빠르고 속도 조절이 가능한 제품을 사용하는 것이 좋다.

적외선 온도계

표면의 온도를 체크하는 데 편리한 온도계로, −50~+500℃까지 체크가 가능하고 체크속도가 빠르며 어디에서든 사용할 수 있다. 하지만 내부온도를 정확히 체크하는 게 불가능하며, 같은 물질이라도 체크하는 부분에 따라 다소 편차가 있음을 감안하여 사용하여야 한다.

당도계

당도계는 디지털 당도계와 아날로그 당도계 두 종류가 있다. 디지털 당도계가 빠르고 편리하지만 예전부터 쓰던 아날로그 당도계를 여전히 애용하는 사람들도 많다. 당도계마다 측정값에 차이가 날 수 있기 때문에 한 제품을 만들 때는 하나의 당도계를 일관되게 사용해야 일정한 제품을 만들 수 있다. 또한 당도계는 측정 범위에 따라 여러 종류가 있기 때문에 용도에 맞는 당도계를 사용해야 한다.

아날로그 당도계

디지털 당도계

로보쿡 프로세서

곱게 가는 기능과 단단한 것을 분쇄하는 기능, 두 가지 기능이 있다. 칼날이 고속으로 회전하며 재료를 갈아 매끄러운 식감을 극대화할 수 있어 최근에 널리 사용되고 있다. 단단한 것을 분쇄할 때에도 열을 많이 내지 않고 분쇄하기 때문에 기름이 많이 배어 나오지 않아 품질 유지에도 좋다.

레몬착즙기

힘과 시간을 들여 힘들게 레몬을 짤 필요 없이 손쉽게 즙이 나오도록 도와주는 기계이다. 레몬을 ½등분하여 기계에 대고 살짝 누르고 있으면 밑의 회전축이 자동으로 회전해 즙을 짜낸다.

분무기

분무기는 종류가 다양하지만 용도에 따라 차별을 두어 사용해야 한다. 섬세한 제품 제조에 사용하여야 하는 경우 분사되는 입자가 굉장히 중요하다. 고운 입자를 고르게 뿌려야 하는 제품에는 압력이 높고 노즐이 섬세한 분무기를 사용하여야 한다.

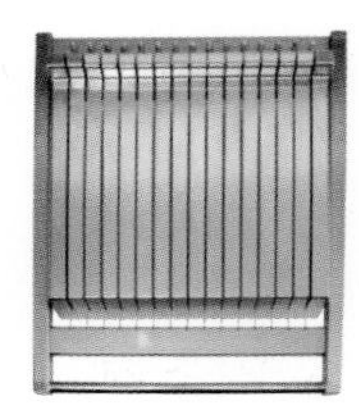

커팅기

크기가 작고 부드러운 제품을 자를 때 많이 사용한다. 제품이 너무 얼어있으면 줄이 끊길 수 있고 너무 부드러우면 자른 후 다시 달라붙을 수 있으므로 커팅 전에 제품의 되기 조절에 유의해야 한다.

초콜릿 디핑포크

쇼콜라봉봉을 만들 때 사용하는 도구이다. 작업속도 및 정교한 마무리 작업을 할 때 큰 영향을 끼치므로 사용자에게 잘 맞는 디핑포크를 선택하는 것이 좋다. 너무 크거나 와이어가 너무 두꺼우면 작업 후 자국이 날 수 있으므로 주의해야 한다.

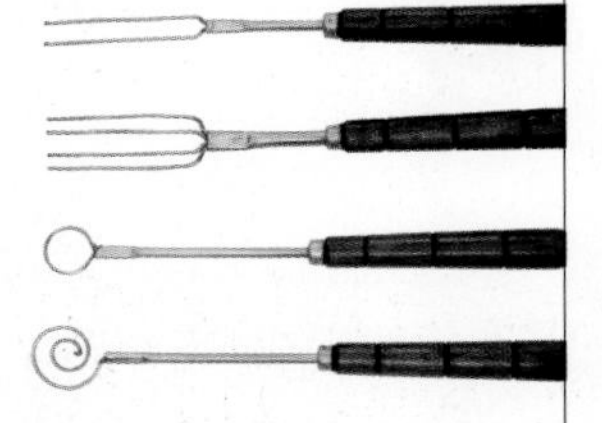

로보큐보

다기능 커터기라고도 한다. 잼, 커스터드크림, 가나슈, 마시멜로, 빙수팥 등 다양한 제품을 만들 때 사용할 수 있다. 특히 진공압력 조리가 가능해 잼이나 커스터드크림을 만들 때 유용하다. 본문에서는 잼을 만들 때 일반적인 냄비를 이용하는 방법을 사용했지만 로보큐보를 이용하면 보다 질 좋은 잼을 짧은 시간 안에 만들 수 있다. 또한 자동 쿨링 기능이 있어 위생적이며 살균력도 뛰어나 신선도 유지에 좋다.

실리콘 베이킹 매트

실리콘 베이킹 매트를 팬 위에서 사용한다는 것은 철판 두 장을 사용하는 것과 같은 효과가 있다. 부드러운 제품, 밑색이 나거나 달라 붙지 않아야 하는 제품을 만들 때 편리하다. 특히 구멍이 뚫린 실리콘 베이킹 매트는 공기가 밑으로 잘 흐르도록 해 타르트류를 매끄럽게 굽고 싶을 때 사용하면 좋다.

초콜릿 템퍼링기

초콜릿은 온도 관리가 매우 중요하다. 그중에서도 온도 범위가 특히 중요한데 범위가 넓을수록 초콜릿 관리가 힘들어진다. 이 책에 나오는 템퍼링기는 물로 온도를 관리하기 때문에 편차가 거의 없어 초콜릿 사용 온도를 유지하는 데 편리하다. (단 자동으로 온도조절을 해주지는 않는다.)

가열믹서기

가열믹서기는 자동설정으로 반죽의 온도 조절이 가능해 편리하게 중탕을 할 수 있으므로 좋은 반죽 상태를 유지할 수 있다. 또 자동 상하조절이 가능해 허리에 무리가 가는 일 없이 반죽통을 올리고 내릴 수 있어 현장에서 작업하는 여성인력들의 안전에 크게 기여하는 설비 중 하나이다.

聖心堂

Chapter 01

꾸준히 사랑받는 성심당 홀케이크
Whole cake

딸기밭 과수원길

생크림의 맛을 끌어올리기 위해 유지방 함량을 45%까지 늘려 제품을 만든 다음 시식회를 연 결과 생각보다 부정적인 의견이 많았습니다. 그래서 유지방 함량을 단계적으로 낮추어 지금에 이른 게 '딸기밭 과수원길'입니다. 기본 스폰지와 생크림에 딸기만 들어갔을 뿐이지만 먹는 사람은 맛도 풍미도 매우 다르게 느낄 수 있습니다. 생크림과 궁합이 좋은 딸기는 향이 강하고 단단함의 정도가 좋아야 합니다.

PREPARATION

A. 지름 18㎝ 원형틀에 유산지 깔아놓기
A. 박력분, 베이킹파우더 함께 체 치기
A. 버터, 우유 함께 중탕하기(여름철 40~45℃, 겨울철 50~60℃)
B. 기본 생크림에 사용할 믹서볼 차갑게 보관하기

YIELD

지름 18㎝ 원형틀 2개 분량

재료

A 제누아즈

달걀	218g
노른자	18g
설탕	160g
물엿	18g
소금	1.6g
바닐라농축액	0.8g
박력분	160g
베이킹파우더	1.8g
버터	44g
우유	22g

B 기본 생크림

생크림(41%)	760g
설탕	46g

C 마무리

물	100g
설탕	50g
B(기본 생크림)	760g
딸기A (0.5㎝로 슬라이스 한 것)	160g
파예테 푀양틴	4g
딸기B(반으로 자른 것)	10개
미루아르	적당량

A-4

A-4

A-5

A-7

A 제누아즈

1 믹서볼에 달걀, 노른자를 넣고 휘퍼로 가볍게 푼 다음 설탕을 넣는다.
2 중탕볼에 ①을 올리고 달걀이 익지 않도록 저으면서 반죽의 온도를 맞춘다(여름철 35~40℃, 겨울철 50~55℃).
3 ②를 스탠드믹서에 옮겨 반죽의 거품이 70~80% 정도로 올라올 때까지 고속으로 휘핑한다.
4 ③에 60℃로 함께 중탕한 물엿, 소금, 바닐라농축액을 넣고 리본 상태가 될 때까지 고속으로 믹싱한 다음 저속으로 낮춰 3분 동안 더 믹싱한다.

TIP 마지막에 저속으로 믹싱해야 반죽의 상태를 안정화시킬 수 있다.

5 ④에 함께 체 쳐놓은 박력분, 베이킹파우더를 넣고 섞는다.
6 함께 중탕한 버터, 우유에 ⑤의 일부를 넣고 섞는다.
7 남은 ⑤에 ⑥을 넣고 최종 비중이 46%가 될 때까지 섞는다.

TIP 비중은 반죽의 부피를 재는 것으로 매번 일정한 반죽 상태를 유지하기 위한 기준이 된다. 100cc 컵에 완성된 반죽을 담고 무게를 재서 비중을 측정한다.

8 지름 18㎝ 원형틀에 ⑦을 320g씩 팬닝한다.
9 윗불 180℃, 아랫불 160℃ 오븐에서 15분 동안 구운 다음 댐퍼를 열고 10분 동안 더 굽는다.
10 오븐에서 꺼낸 틀을 20㎝ 높이에서 떨어뜨려 기공을 고르게 한 다음 시트를 틀에서 꺼낸다.
11 식힘망 위에 ⑩을 올리고 25~30℃까지 식힌 다음 시트의 표면이 마르지 않도록 비닐에 담아서 밀봉한다.

A-8

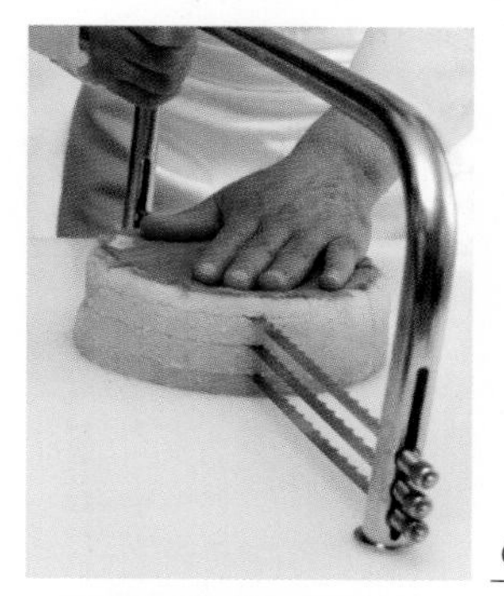
C-2

C-7

C-9

B 기본 생크림

1 차가운 믹서볼에 5~6℃의 생크림, 설탕을 넣고 휘퍼로 들어 올렸을 때 생크림이 천천히 흘러내리는 상태(75~80%)가 될 때까지 중속으로 휘핑한다.

TIP 고속으로 휘핑할 경우 시간은 단축되지만 거칠고 불안정한 크림이 될 수 있으므로 반드시 중속으로 휘핑한다.

C 마무리

1 냄비에 물과 설탕을 넣고 끓인 다음 식혀서 시럽을 만든다.
2 A(제누아즈)의 밑부분을 칼로 정리한 다음 1㎝ 두께로 3장씩 자른다.
3 각각의 시트 윗면에 ①을 8g씩 골고루 바른다.
4 볼에 B(기본 생크림)를 230g 넣고 거품기를 들어 올렸을 때 생크림의 끝부분이 살짝 휘는 상태(80~90%)가 될 때까지 휘핑한다.
5 ③의 시트 한 장에 ④를 약간 올린 다음 평평하게 펴 바른다.
6 ⑤ 위에 슬라이스 한 딸기 40g을 골고루 올린 다음 남은 ④를 약간 올려 얇게 펴 바른다.
7 ⑤, ⑥의 과정을 한 번 더 반복한 다음 마지막 시트를 올린다.

TIP 크럼이 일어나지 않은 깨끗한 시트를 가장 위로 오게 한다.

8 ⑦ 위에 남은 B(기본 생크림)를 올려 0.6㎝ 두께로 아이싱한다.
9 ⑧의 밑부분에 파예테 푀양틴을 붙인 다음 남은 생크림과 반으로 자른 딸기를 올려 장식한다.
10 ⑨의 딸기 위에 미루아르를 바른다.

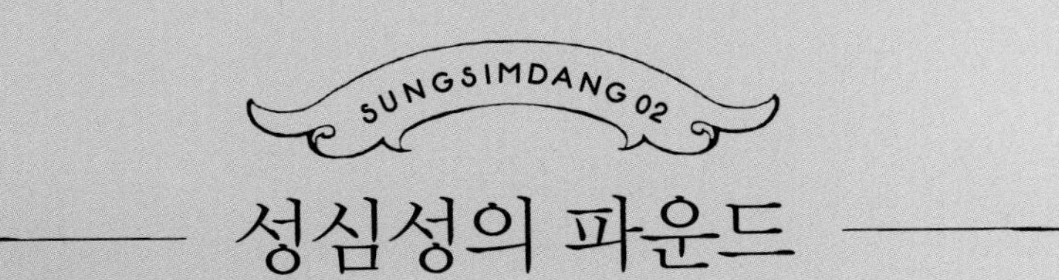

성심성의 파운드

케익부띠끄 오픈 제품으로 특별한 파운드 케이크를 선물하고 싶어하는 고객들을 위해 개발했습니다.
맛과 재료를 포함해 모든 면에 충실하면서도 '성심당스러움'에 역점을 두었습니다. 믹싱을 많이 하지 않아
조금은 묵직한, 한국의 떡과 비슷한 식감이라고 생각하면 좋을 것 같습니다.

PREPARATION

C. 26×10×6㎝ 파운드 틀에 유산지 깔아놓기
C. 박력분, 아몬드파우더, 베이킹파우더 함께 체 치기

YIELD

26×10×6㎝ 파운드 틀 3개 분량

재료

A 전처리

물	60g
설탕	180g
꿀	30g
물엿	60g
소금	3g
아몬드	24g
헤이즐넛	24g
피칸 반태	24g
호두 반태	24g
피스타치오 커넬 (속껍질 제거한 피스타치오)	18g
건조무화과	126g
럼	적당량

B 장기 숙성 무화과

건조무화과	적당량
럼	적당량

C 반죽

버터	371g
소금	4g
설탕	343g
달걀	375g
카놀라유	28g
물엿	47g
바닐라농축액	8g
사워크림	44g
밤 다이스	116g
B(장기 숙성 무화과)	116g
박력분	375g
아몬드파우더	65g
베이킹파우더	10g
럼	46g

D 마무리

살구 잼	적당량

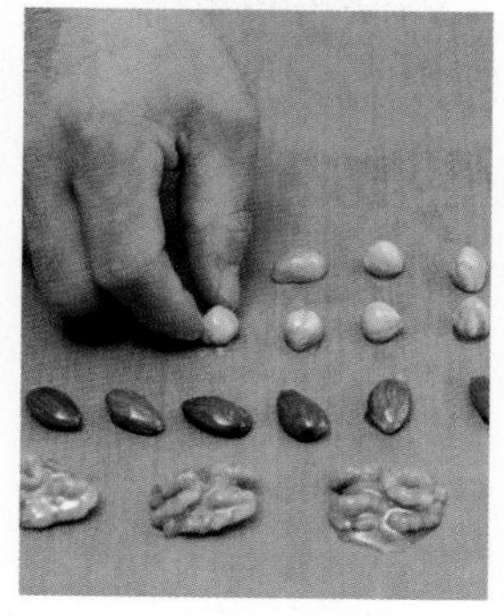

A-4

A 전처리

1 냄비에 물, 설탕, 꿀, 물엿, 소금을 넣고 설탕이 녹을 때까지 가열한다.
2 ①을 불에서 내린 다음 아몬드, 헤이즐넛, 피칸 반태, 호두 반태, 피스타치오 커넬을 넣고 섞는다.
3 냉장고에 ②를 넣고 하루 동안 숙성시킨 다음 체에 거른다.
4 실리콘 베이킹 매트 위에 ③을 올린 다음 150℃ 오븐에서 색이 골고루 날 때까지 굽는다.
5 볼에 반으로 자른 건조무화과를 넣고 충분히 잠길 정도로 럼을 넣은 다음 5분 동안 실온에서 숙성시킨다.

C-1

C-5

D-2

B 장기 숙성 무화과

1 밀폐용기에 반으로 자른 건조무화과를 넣은 다음 충분히 잠길 정도로 럼을 넣는다.
2 ①의 뚜껑을 닫고 서늘한 곳에서 6개월 이상 숙성시킨다.

C 반죽

1 믹서볼에 버터를 넣고 비터를 이용해 부드럽게 푼 다음 소금, 설탕을 넣고 중속으로 믹싱한다.
TIP 버터가 아이보리색을 띠고 설탕 입자가 반 정도 녹을 때까지 섞는다(버터 온도 : 여름철 13~15℃, 겨울철 20~23℃).
2 ①에 부드럽게 푼 달걀을 5~6회에 나누어 넣고 믹싱한다.
TIP 달걀과 반죽의 온도 차이가 많이 나거나 한 번에 많은 양의 달걀을 넣으면 반죽이 분리되므로 주의한다.
3 ②에 카놀라유, 물엿, 바닐라농축액, 사워크림을 넣고 섞은 다음 밤 다이스, B(장기 숙성 무화과)를 넣고 가볍게 믹싱한다.
4 ③에 함께 체 쳐놓은 박력분, 아몬드파우더, 베이킹파우더를 넣고 가루 입자가 보이지 않을 때까지 섞은 다음 럼을 넣고 윤기가 날 때까지 섞는다.
5 파운드 틀에 ④를 630g씩 넣고, 스프레이를 이용해 반죽의 윗면에 물(분량 외)을 골고루 뿌린다.
6 윗불 180℃, 아랫불 200℃ 오븐에서 20분 동안 구운 다음 아랫불을 180℃로 낮추고 20~25분 동안 더 굽는다.
TIP 파운드 케이크를 소량 구울 경우, 작은 용기에 물을 담아 오븐에 함께 넣고 구우면 대량으로 구울 때와 똑같은 식감의 파운드가 완성된다.

D 마무리

1 C(반죽)를 틀에서 꺼낸 다음 케이크가 식기 전에 시럽(분량 외)을 윗면에 골고루 바른다.
TIP 시럽은 물과 설탕을 1:1 비율로 끓여서 만든다.
2 냄비에 살구 잼을 넣고 끓여 ①의 윗면에 바른 다음 A(전처리한 견과류와 무화과)를 올린다.

순수 치즈 케이크

부드럽고 가벼운 치즈 케이크를 만들어보려고 많은 실험을 반복하여 탄생한 제품입니다.
가격이 부담스럽지 않아 손쉽게 집어갈 수 있는 제품이어야 했기 때문에
재료 선택과 배합량 조절에 많은 고민을 했습니다. 전용상자를 만들고
윗면에 心자를 인두로 찍어 한층 완성도를 높였습니다.

PREPARATION

A. 지름 12㎝ 원형틀에 유산지 깔아 놓기
A. 박력분, 베이킹파우더 함께 체 치기
A. 버터, 우유 함께 중탕하기(여름철 40~45℃, 겨울철 50~60℃)

YIELD

4개 분량

재료

A 제누아즈

재료	분량
달걀	600g
노른자	52g
설탕	440g
물엿	48g
소금	4.8g
바닐라농축액	2g
박력분	440g
베이킹파우더	4.8g
버터	120g
우유	60g

B 본반죽

재료	분량
우유	264g
설탕A	25g
노른자	139g
전분	17g
크림치즈	388g
버터	50g
흰자	83g
설탕B	83g

A 제누아즈

1 믹서볼에 달걀, 노른자를 넣고 휘퍼로 가볍게 푼 다음 설탕을 넣는다.
2 중탕볼에 ①을 올리고 달걀이 익지 않도록 저으면서 반죽의 온도를 맞춘다(여름철 35~40℃, 겨울철 50~55℃).
3 ②를 스탠드믹서에 옮겨 반죽의 거품이 70~80% 정도로 올라올 때까지 고속으로 휘핑한다.
TIP 70~80%는 주걱으로 반죽을 들어 올렸을 때 반죽이 1초 안에 빠르게 퍼지는 상태이다.
4 ③에 60℃로 함께 중탕한 물엿, 소금, 바닐라농축액을 넣고 리본 상태가 될 때까지 고속으로 믹싱한 다음 저속으로 낮춰 3분 동안 더 믹싱한다.
TIP 마지막에 저속으로 믹싱해야 반죽의 상태를 안정화시킬 수 있다.
5 ④에 함께 체 쳐놓은 박력분, 베이킹파우더를 넣고 섞는다.
6 함께 중탕한 버터, 우유에 ⑤의 일부를 넣고 섞는다.
7 남은 ⑤에 ⑥을 넣고 최종 비중이 46%가 될 때까지 섞는다.
TIP 비중은 반죽의 부피를 재는 것으로 매번 일정한 반죽 상태를 유지하기 위한 기준이 된다. 100cc 컵에 완성된 반죽을 담고 무게를 재서 비중을 측정한다.

A-1

A-2

B-2

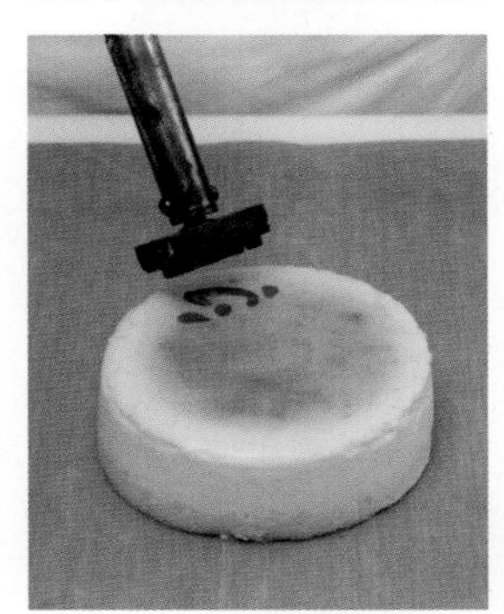
B-12

8 지름 12㎝ 원형틀에 ⑦을 160g씩 팬닝한다.
9 윗불 180℃, 아랫불 160℃ 오븐에서 15분 동안 구운 다음 댐퍼를 열고 8분 동안 더 굽는다.
10 오븐에서 꺼낸 틀을 20㎝ 높이에서 떨어뜨려 기공을 고르게 한 다음 시트를 틀에서 꺼낸다.
11 식힘망 위에 ⑩을 올리고 25~30℃까지 식힌 다음 시트의 표면이 마르지 않도록 비닐에 담아서 밀봉한다.

B 본반죽

1 냄비에 우유, 설탕A 한 줌(약 5g)을 넣고 끓인다.
2 볼에 노른자를 넣고 부드럽게 푼 다음 남은 설탕A를 넣고 아이보리색이 날 때까지 섞는다.
3 ②에 전분을 넣고 섞은 다음 ①을 나누어 넣고 섞는다.
4 ③을 다시 냄비에 옮겨 크림이 타지 않도록 저으면서 중간불로 끓인다.
5 로보쿡이나 푸드프로세서에 크림치즈와 버터를 넣고 곱게 간 다음 ④를 넣고 한 번 더 섞는다.
6 믹서볼에 실온 상태의 흰자를 넣고 부드럽게 푼 다음 설탕B의 ⅓을 넣고 바닥에 액체가 보이지 않을 때(50%)까지 휘핑한다.
7 ⑥에 남은 설탕B를 2~3회에 나누어 넣고 휘퍼를 들어 올렸을 때 끝이 살짝 휠 때(90%)까지 휘핑한다.
8 ⑤에 ⑦의 머랭 ½을 넣고 가볍게 섞은 다음 남은 머랭을 넣고 윤기가 날 때(비중 60%)까지 섞는다.
9 철팬 위에 지름 12㎝ 원형 치즈케이크 틀을 올린 다음 0.7㎝ 두께로 슬라이스 한 A(제누아즈)를 넣는다.
10 ⑨ 위에 ⑧을 250g씩 팬닝한 다음 철팬에 55~60℃의 물(분량 외)을 1㎝ 높이로 채운다.
11 윗불 180℃, 아랫불 160℃ 오븐에서 댐퍼를 열고 오븐 문을 약 3㎝ 연 채로 25~28분 동안 굽는다.
12 식힘망 위에 틀에서 꺼낸 ⑪을 올리고 20℃까지 식힌 다음 뜨겁게 달군 인두로 心을 새긴다.

15겹 크레페

크레페 케이크는 만들기 어려운 건 아니지만 손이 많이 가는 제품입니다.
크레페 열다섯 장을 구워야 하는 것은 물론이고 샌드할 때에도 크림을 열다섯 번이나 발라야합니다.
그렇지만 케이크전문점인 부띠끄에서 이런 제품을 다루지 않으면 안 된다는 생각으로 만들게 된 제품입니다.
마진을 따지기보다는 고객에게 즐거움을 제공한다는 서비스적 관점에서 생각한 거지요.
그런데 고객들의 많은 사랑 덕에 역으로 생산성이 좋아진 효자상품입니다.

PREPARATION

A. 박력분 체 치기
A. 액상마가린, 우유 함께 중탕하기(25℃)
B. 지름 24㎝ 원형틀에 유산지 깔아놓기
B. 물엿, 소금, 바닐라농축액 함께 중탕하기(60℃)
B. 박력분, 베이킹파우더 함께 체 치기
B. 버터, 우유 함께 중탕하기(여름철 40~45℃, 겨울철 50~60℃)

YIELD

지름 24㎝ 원형틀 1개 분량

재료

A 크레페
(장당 50g씩 15장 분량)

재료	분량
달걀	244g
설탕	40g
바닐라빈	⅙개
소금	4.8g
박력분	81g
액상마가린	14g
우유	366g

B 제누아즈

재료	분량
달걀	218g
노른자	18g
설탕	160g
물엿	18g
소금	1.6g
바닐라농축액	0.8g
박력분	160g
베이킹파우더	1.8g
버터	44g
우유	22g

C 생크림

재료	분량
생크림(41%)	900g
설탕	54g

D 마무리

재료	분량
시럽	15g
나파주	적당량

A-1

A-4

A-6

A-6

A 크레페

1 볼에 실온의 달걀을 넣고 거품기로 가볍게 푼다.
2 다른 볼에 설탕, 바닐라빈 씨, 소금을 넣고 섞는다.
TIP 바닐라빈은 반으로 가른 후 씨를 긁어내 사용한다.
3 ①에 ②를 넣고 설탕이 녹을 때까지 섞은 다음 체 쳐놓은 박력분을 넣고 가루 입자가 보이지 않을 때까지 섞는다.
4 ③에 함께 중탕한 액상마가린, 우유를 넣고 섞은 다음 랩을 씌워 냉장고에서 1시간 이상 숙성시킨다.
5 지름 24㎝ 프라이팬에 액상마가린(분량 외)을 얇게 바른 다음 불 위에 올려 예열한다.
6 ⑤ 위에 ④를 한 국자(50g) 떠 올린 다음 얇게 펴 굽는 과정을 반복한다.
TIP 반죽이 거북이 등처럼 갈라진 모양을 하고 약한 갈색을 띠면 반죽을 뒤집어서 5초 정도 더 익힌 다음 꺼내서 식힌다.
TIP 불이 너무 강하면 반죽이 갈라진 모양이 나지 않고 전체적으로 진한 색을 띠기 때문에 적절한 불 조절이 필요하다.

B 제누아즈

1 믹서볼에 달걀, 노른자를 넣고 휘퍼로 가볍게 푼 다음 설탕을 넣는다.
2 중탕볼에 ①을 올리고 달걀이 익지 않도록 저으면서 반죽의 온도를 맞춘다(여름철 35~40℃, 겨울철 50~55℃).
3 ②를 스탠드믹서에 옮겨 반죽의 거품이 70~80% 정도로 올라올 때까지 고속으로 휘핑한다.
4 ③에 60℃로 함께 중탕한 물엿, 소금, 바닐라농축액을 넣고 리본 상태가 될 때까지 고속으로 믹싱한 다음 저속으로 낮춰 3분 동안 더 믹싱한다.
TIP 마지막에 저속으로 섞어야 반죽의 상태를 안정화시킬 수 있다.
5 ④에 함께 체 쳐놓은 박력분, 베이킹파우더를 넣고 섞는다.
6 함께 중탕한 버터, 우유에 ⑤의 일부를 넣고 섞는다.
7 남은 ⑤에 ⑥을 넣고 최종 비중이 46%가 될 때까지 섞는다.
TIP 비중은 반죽의 부피를 재는 것으로 매번 일정한 반죽 상태를 유지하기 위한 기준이 된다. 100cc 컵에 완성된 반죽을 담고 무게를 재서 비중을 측정한다.
8 지름 24㎝ 원형틀에 ⑦을 640g 팬닝한다.

D-2

D-2

D-3

D-4

9 윗불 180℃, 아랫불 160℃ 오븐에서 15분 동안 구운 다음 뎀퍼를 열고 12분 동안 더 굽는다.
10 오븐에서 꺼낸 틀을 20㎝ 높이에서 떨어뜨려 기공을 고르게 한 다음 시트를 틀에서 꺼낸다.
11 식힘망 위에 ⑩을 올리고 25~30℃까지 식힌 다음 시트의 표면이 마르지 않도록 비닐에 담아서 밀봉한다.

C 생크림

1 차가운 믹서볼에 5~6℃의 생크림, 설탕을 넣고 휘퍼를 들어 올렸을 때 생크림의 끝부분이 살짝 휘는 상태(80~90%)가 될 때까지 중속으로 휘핑한다.
TIP 고속으로 휘핑할 경우 시간은 단축되지만 거칠고 불안정한 크림이 될 수 있으므로 반드시 중속으로 휘핑한다.

D 마무리

1 B(제누아즈)를 1㎝ 두께로 슬라이스 한 다음 위에 차가운 시럽을 골고루 바른다.
TIP 시럽은 물과 설탕을 2:1 비율로 끓여서 만든다.
2 ① 위에 C(생크림)를 적당량 올려 스패튤러를 이용해 골고루 펴 바른 다음 A(크레페 반죽)를 한 장 올린다.
3 ② 위에 다시 C(생크림)를 60g 올린 다음 스패튤러를 이용해 골고루 펴 바른다.
4 ②, ③을 반복해 15겹의 크레페를 샌드한 다음 가장 윗면의 크레페 위에 나파주를 얇게 펴 바른다.

스트로베리 크레페

15겹 크레페를 출시하고 1년 후 출시한 제품으로, 크레페의 단조로운 맛을 보완하기 위해 개발했습니다. 생딸기는 얇게 슬라이스 한 다음 반드시 수분을 제거하여 사용해야 합니다. 크레페 케이크는 홀케이크보다는 조각으로 잘라 판매하는 것이 좋으며 표면이 마르지 않게 잘 관리하고 바로바로 만드는 것이 가장 좋습니다.

PREPARATION

A. 박력분 체 치기
A. 액상마가린, 우유 함께 중탕하기(25℃)
B. 물엿, 소금, 바닐라농축액 함께 중탕하기(60℃)
B. 박력분, 베이킹파우더 함께 체 치기
B. 버터, 우유 함께 중탕하기(여름철 40~45℃, 겨울철 50~60℃)
B, C. 지름 24㎝ 원형틀에 유산지 깔아놓기
C. 박력분, 코코아파우더, 베이킹소다 함께 체 치기
C. 버터 중탕하기(여름철 40~45℃, 겨울철 45~50℃)
D. 젤라틴 찬물에 불린 다음 물기 제거하기

YIELD

지름 24㎝ 원형틀 1개 분량

재료

A 크레페
(장당 50g씩 4장 분량)

달걀	67g
설탕	1g
바닐라빈	1/10개
소금	1.3g
박력분	22g
액상마가린	3.7g
우유	100g

B 제누아즈

달걀	218g
노른자	18g
설탕	160g
물엿	18g
소금	1.6g
바닐라농축액	0.8g
박력분	160g
베이킹파우더	1.8g
버터	44g
우유	22g

C 초코 제누아즈

달걀	229g
설탕	108g
소금	1.2g
유화제	6g
박력분	50g
코코아파우더	7.5g
베이킹소다	1.6g
버터	12g
식용유	12g
럼	2g

D 딸기 쿨리

냉동 딸기	40g
딸기 퓌레	46g
설탕	12g
레몬즙	2g
젤라틴	1.2g

E 마무리

생크림(41%)	400g
설탕	24g
시럽	적당량
딸기(슬라이스 한 것)	적당량
나파주	적당량

B-5

A 크레페

1 볼에 실온의 달걀을 넣고 거품기로 가볍게 푼다.
2 다른 볼에 설탕, 바닐라빈 씨, 소금을 넣고 섞는다.
TIP 바닐라빈은 반으로 가른 후 씨를 긁어서 사용한다.
3 ①에 ②를 넣고 설탕이 녹을 때까지 섞은 다음 체 쳐놓은 박력분을 넣고 가루 입자가 보이지 않을 때까지 섞는다.
4 ③에 함께 중탕한 액상마가린, 우유를 넣고 섞은 다음 랩을 씌워 냉장고에서 1시간 이상 숙성시킨다.

B-7

E-2

E-3

E-4

5 지름 24㎝ 프라이팬에 액상마가린(분량 외)을 얇게 바른 다음 불 위에 올려 예열한다.

6 ⑤ 위에 ④를 한 국자(50g) 떠서 얇게 펴 굽는 과정을 반복한다.

TIP 반죽이 거북이 등처럼 갈라진 모양을 하고 약한 갈색을 띠면 반죽을 뒤집어서 5초 정도 더 익힌 다음 꺼내서 식힌다. 너무 강한 불은 피한다.

B 제누아즈

1 믹서볼에 달걀, 노른자를 넣고 휘퍼로 가볍게 푼 다음 설탕을 넣는다.

2 중탕볼에 ①을 올리고 달걀이 익지 않도록 저으면서 반죽의 온도를 맞춘다(여름철 35~40℃, 겨울철 50~55℃).

3 ②를 스탠드믹서에 옮겨 반죽의 거품이 70~80% 정도로 올라올 때까지 고속으로 휘핑한다.

TIP 70~80%는 주걱으로 반죽을 들어 올렸을 때 반죽이 1초 안에 빠르게 퍼지는 상태이다.

4 ③에 60℃로 함께 중탕한 물엿, 소금, 바닐라농축액을 넣고 리본 상태가 될 때까지 고속으로 믹싱한 다음 저속으로 낮춰 3분 동안 더 믹싱한다.

5 ④에 함께 체 쳐놓은 박력분, 베이킹파우더를 넣고 섞는다.

6 함께 중탕한 버터, 우유에 ⑤의 일부를 넣고 섞는다.

7 남은 ⑤에 ⑥을 넣고 최종 비중이 46%가 될 때까지 섞는다.

TIP 비중은 반죽의 부피를 재는 것으로 매번 일정한 반죽 상태를 유지하기 위한 기준이 된다. 100cc 컵에 완성된 반죽을 담고 무게를 재서 비중을 측정한다.

8 지름 24㎝ 원형틀에 ⑦을 640g씩 팬닝한다.

9 윗불 180℃, 아랫불 160℃ 오븐에서 15분 동안 구운 다음 뎀퍼를 열고 12분 동안 더 굽는다.

10 오븐에서 꺼낸 틀을 20㎝ 높이에서 떨어뜨려 기공을 고르게 한 다음 시트를 틀에서 꺼낸다.

11 식힘망 위에 ⑩을 올리고 25~30℃까지 식힌 다음 시트의 표면이 마르지 않도록 비닐에 담아서 밀봉한다.

C 초코 제누아즈

1 믹서볼에 달걀을 넣고 거품기로 가볍게 푼 다음 설탕, 소금을 넣는다.

2 중탕볼에 ①을 올리고 달걀이 익지 않도록 저으면서 반죽의 온도를 맞춘다(여름철 30℃, 겨울철 40℃).

3 ②를 스탠드믹서에 옮겨 유화제를 넣고 리본 상태가 될 때까지 고속으로 믹싱한 다음 속도를 저속으로 낮춰 3분 동안 더 믹싱한다.

TIP 마지막에 저속으로 섞어야 반죽의 상태를 안정화시킬 수 있다.

E-5

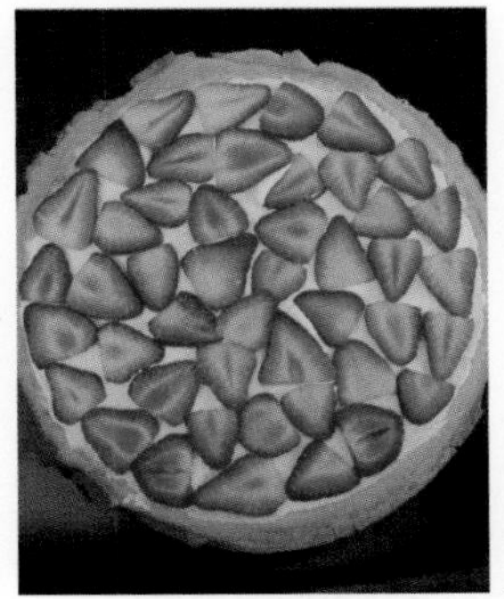

E-5

E-6

E-7

4 ③에 함께 체 쳐놓은 박력분, 코코아파우더, 베이킹소다를 넣고 반죽에 윤기가 날 때까지 섞는다.
5 ④에 중탕한 버터, 식용유, 럼을 넣고 최종 비중이 48%가 될 때까지 섞는다.
TIP 비중은 반죽의 부피를 재는 것으로 매번 일정한 반죽 상태를 유지하기 위한 기준이 된다. 100cc 컵에 완성된 반죽을 담고 무게를 재서 비중을 측정한다.
6 지름 24㎝ 원형틀에 ⑤를 490g 팬닝한다.
7 윗불 180℃, 아랫불 160℃ 오븐에서 15분 동안 구운 다음 댐퍼를 열고 11분 동안 더 굽는다.
8 오븐에서 꺼낸 틀을 20㎝ 높이에서 떨어뜨려 기공을 고르게 한 다음 시트를 틀에서 꺼낸다.
9 식힘망 위에 ⑧을 올리고 25~30℃까지 식힌 다음 시트의 표면이 마르지 않도록 비닐에 담아서 밀봉한다.

D 딸기 쿨리

1 냄비에 냉동 딸기, 딸기 퓌레, 설탕을 넣고 끓이면서 거품이 떠오르면 걷어낸다.
2 ①을 불에서 내린 다음 레몬즙, 불려서 물기를 제거한 젤라틴을 넣고 섞는다.

E 마무리

1 차가운 믹서볼에 5~6℃의 생크림, 설탕을 넣고 휘퍼를 들어 올렸을 때 생크림의 끝부분이 살짝 휘는 상태(80~90%)가 될 때까지 중속으로 휘핑한다.
TIP 고속으로 휘핑할 경우 시간은 단축되지만 거칠고 불안정한 크림이 될 수 있으므로 반드시 중속으로 섞는다.
2 C(초코 제누아즈)를 1㎝ 두께로 슬라이스 한 다음 위에 시럽 10g을 골고루 바른다.
TIP 시럽은 물과 설탕을 2:1 비율로 끓여서 만든다.
3 ② 위에 ①의 생크림 55g과 D(딸기 쿨리)를 50g 올려 펴 바른다.
4 ③ 위에 A(크레페)를 한 장 올린 다음 생크림 55g을 올려 펴 바른다.
5 ④ 위에 슬라이스 한 딸기를 빈 공간 없이 올린 다음 생크림을 적당히 바르고 ④를 한 번 더 반복한다.
6 B(제누아즈)를 0.5㎝ 두께로 슬라이스 한 다음 ⑤ 위에 올리고 시럽 10g을 골고루 바른 다음 ③~⑤를 한 번 더 반복한다.
7 ⑥ 위에 A(크레페)를 한 장 올린 다음 나파주를 얇게 펴 바른다.

내 남자의 케이크

화이트데이 기념 케이크로 개발된 제품이라 이름이 조금 직설적이지만 한 번 판매되어 고객들에게 제품 이름이 각인되면 이름을 바꾸기가 쉽지 않습니다. 초코크림과 상큼한 맛의 오렌지크림으로 밸런스를 맞춘 이 케이크는 젊은 여성들에게 꾸준히 사랑 받는 제품 가운데 하나입니다.

PREPARATION

A. 아몬드파우더, 슈거파우더 함께 체 치기
A. 박력분, 코코아파우더 함께 체 치기
A. 버터 중탕으로 녹이기
A. 40×60㎝ 틀에 유산지 깔아 놓기
B. 오렌지는 즙과 제스트로 분리하기
B, C. 젤라틴 찬물에 불린 다음 물기 제거하기
D. 트레이 위에 OPP비닐을 깔고 지름 15㎝ 세르클 올려놓기

YIELD

지름 15㎝ 세르클 10개 분량

재료

A 초코 비스퀴 조콩드
(40×60㎝ 2판 분량)

달걀	900g
아몬드파우더	626g
슈거파우더	626g
흰자	400g
설탕	140g
박력분	100g
코코아파우더	50g
버터	50g

B 오렌지 무스
(지름 12㎝ 세르클×10개 분량)

설탕	500g
물	187g
노른자	300g
오렌지즙	2개 분량
오렌지 제스트	2개 분량
젤라틴	34g
생크림	1,320g
쿠앵트로	100g
오렌지필(다진 것)	200g

C 초콜릿 무스
(10개 분량)

설탕	510g
물	150g
노른자	360g
젤라틴	30g
다크초콜릿	1,050g
생크림	2,250g

D 마무리

초콜릿 미루아르	적당량
장식용 초콜릿	적당량
마카롱	케이크당 1~2개
아몬드(구운 것)	적당량
코코아파우더	

A-2

A-4

B-7

C-4

A 초코 비스퀴조콩드

1 믹서볼에 달걀을 넣고 휘퍼로 가볍게 푼 다음 함께 체 쳐놓은 아몬드파우더, 슈거파우더를 넣고 중탕하며 섞는다(여름철 35℃, 겨울철 40℃).
2 ①을 스탠드믹서로 옮겨 반죽이 약한 리본 상태(비중56%)가 될 때까지 중속으로 믹싱한다.
3 다른 믹서볼에 흰자, 설탕을 넣고 휘핑해 단단한 머랭을 만든다.
4 ②에 함께 체 쳐놓은 박력분, 코코아파우더 ½을 넣고 섞은 다음 ③의 ½을 넣고 가볍게 섞는다.
5 ④에 남은 가루류와 머랭을 각각 넣고 섞은 다음 녹인 버터를 넣고 섞는다(최종 비중 58%).
6 40×60㎝ 철팬에 ⑤를 1,000g씩 팬닝한 다음 윗불 190℃, 아랫불 160℃ 오븐에서 14분 동안 굽는다.

TIP 초코 비스퀴조콩드 반죽은 코코아파우더가 들어가기 때문에 버터의 온도에 유의한다. 버터의 온도가 너무 낮거나 높은 경우 반죽의 거품이 빠르게 꺼질 수 있다.

7 ⑥을 식힌 다음 지름 12㎝ 세르클을 이용해 자른다.

B 오렌지 무스

1 냄비에 설탕, 물을 넣고 118℃까지 끓인다.
2 믹서볼에 노른자를 넣고 뽀얗게 될 때까지 휘핑한 다음 ①을 조금씩 넣고 30℃가 될 때까지 중속으로 휘핑해 파트 아 봉브를 만든다.
3 ②에 오렌지즙, 오렌지 제스트, 찬물에 불려 물기를 제거한 다음 60℃로 녹인 젤라틴을 넣고 섞는다.
4 차가운 믹서볼에 생크림, 쿠앵트로를 넣고 휘퍼를 들어 올렸을 때 천천히 흘러내리는 상태(75~80%)가 될 때까지 중속으로 휘핑한다.
5 ③에 ④의 ⅓을 넣고 가볍게 섞은 다음 남은 ④를 넣고 생크림이 보이지 않을 때까지 섞는다.
6 OPP비닐을 깔아놓은 트레이 위에 ⑤를 부어 1㎝ 두께로 평평하게 편다.
7 ⑥ 위에 오렌지필을 골고루 뿌린 다음 냉장고(5℃)에서 2시간 또는 냉동고(-40℃)에서 1시간 동안 크림이 손에 묻어나지 않을 때까지 굳힌다.
8 지름 12㎝ 세르클을 이용해 ⑦을 자른다.

C-5

D-1

D-2

D-3

C 초콜릿 무스

1 냄비에 설탕, 물을 넣고 118℃까지 끓인다.
2 믹서볼에 노른자를 넣고 뽀얗게 될 때까지 휘핑한 다음 ①을 조금씩 넣고 30℃가 될 때까지 중속으로 휘핑해 파트 아 봉브를 만든다.
3 ②에 찬물에 불려 물기를 제거한 다음 60℃로 녹인 젤라틴을 넣고 섞는다.
4 45~50℃로 녹인 다크초콜릿에 ③의 ⅓을 넣고 가볍게 섞는다.
5 남은 ③에 ④를 넣고 섞는다.
6 차가운 믹서볼에 생크림을 넣고 휘퍼를 들어 올렸을 때 줄줄 흘러내리는 상태(70~75%)가 될 때까지 중속으로 휘핑한다.
7 ⑤에 ⑥의 ⅓을 넣고 가볍게 섞은 다음 남은 ⑥을 넣고 생크림이 보이지 않을 때까지 섞는다.

D 마무리

1 지름 15㎝ 세르클에 C(초콜릿 무스)를 틀의 40%까지 채운다.
2 ① 위에 B(오렌지 무스)를 올린 다음 남은 C(초콜릿 무스)를 틀의 95%까지 채운다.
3 ② 위에 A(초코 비스퀴조콩드)를 올린 다음 무스가 손에 묻어나지 않을 때까지 냉장고에서 1시간 또는 냉동고에서 30분 동안 굳힌다.
4 뒤집은 다음 세르클을 제거한 ③ 위에 초콜릿 미루아르를 얇고 평평하게 펴 바르고 장식용 초콜릿, 마카롱, 아몬드를 올린 다음 코코아파우더를 뿌린다.

TIP 초콜릿 미루아르는 공기가 들어가지 않도록 40~45℃로 데운다.

TIP 무스를 냉동고에서 굳힌 경우에는 3~4시간 동안 냉장고에서 해동시킨 다음 무스가 5℃ 정도 되었을 때 미루아르를 바르는 것이 좋다. 무스의 온도가 너무 낮으면 표면에 생긴 물기 때문에 무스와 미루아르가 분리되고 미루아르의 표면에도 물기가 생겨 광택이 나지 않는다.

TIP 온도와 습도 차이로 인해 케이크 표면에 물기가 생기는 현상을 땀흘림 현상이라고 한다. 90%의 습도에서는 2℃ 차이에도 땀흘림 현상이 발생하며 70%의 습도에서는 5℃, 50~60%의 습도에서는 10℃ 정도에 물기가 생긴다. 따라서 좋은 제품을 만들고 싶다면 그날의 온도, 습도까지 체크하는 것이 중요하다.

딸기 요거트 케이크

요거트크림과 딸기크림을 이용하여 만든 케이크입니다. 두 가지 크림 모두 요거트가 들어가서 단조로움을 피하기 위해 딸기소스와 필링을 사용하였습니다. 끓이거나 온도를 높이는 과정이 별로 없기 때문에 크림 온도가 너무 낮아질 수 있으므로 주의하여야 합니다.

PREPARATION

A. 지름 18㎝ 원형틀에 유산지 깔아놓기
A. 물엿, 소금, 바닐라농축액 함께 중탕하기(60℃)
A. 박력분, 베이킹파우더 함께 체 치기
A. 버터, 우유 함께 중탕하기(여름철 40~45℃, 겨울철 50~60℃)
B. 40×60㎝ 철팬에 유산지 깔아놓기
B. 아몬드파우더, 슈거파우더 함께 체 치기
B. 박력분 체 치기
B. 버터 중탕으로 녹이기
E, F. 젤라틴 찬물에 불린 다음 물기 제거하기

YIELD

지름 18㎝ 원형틀 2개 분량

재료

A 제누아즈
(지름 18㎝ 원형틀 1개 분량)

달걀	150g
노른자	13g
설탕	110g
물엿	12g
소금	1.2g
바닐라농축액	0.5g
박력분	110g
베이킹파우더	1.2g
버터	30g
우유	15g

B 비스퀴조콩드
(40×60㎝ 1판 분량)

달걀	293g
아몬드파우더	204g
슈거파우더	291g
흰자	130g
설탕	46g
박력분	49g
버터	17g

C 딸기 필링

딸기 잼	75g
딸기다이스	37g

D 딸기소스

딸기 퓌레	98g
딸기파우더	13g
설탕	13g

E 딸기 무스

D(딸기소스)	전량(全量)
플레인 요거트	665g
젤라틴	33g
생크림	1,000g
요거트 페이스트	338g

F 요거트 무스

생크림	375g
요거트 페이스트	12g
설탕	47g
플레인 요거트	250g
젤라틴	10g

G 마무리

생크림(휘핑한 것)	적당량
데코스노우	적당량

A-7

E-1

E-2

A 제누아즈

1 믹서볼에 달걀, 노른자를 넣고 휘퍼로 가볍게 푼 다음 설탕을 넣는다.
2 중탕볼에 ①을 올리고 달걀이 익지 않도록 저으면서 반죽의 온도를 맞춘다(여름철 35~40℃, 겨울철 50~55℃).
3 ②를 스탠드믹서에 옮겨 반죽의 거품이 70~80% 정도로 올라올 때까지 고속으로 휘핑한다.
TIP 70~80%는 주걱으로 반죽을 들어 올렸을 때 반죽이 1초 안에 빠르게 퍼지는 상태이다.
4 ③에 60℃로 함께 중탕한 물엿, 소금, 바닐라농축액을 넣고 리본 상태가 될 때 까지 고속으로 믹싱한 다음 저속으로 낮춰 3분 동안 더 믹싱한다.
TIP 마지막에 저속으로 믹싱해야 반죽의 상태를 안정화시킬 수 있다.
5 ④에 함께 체 쳐놓은 박력분, 베이킹파우더를 넣고 섞는다.
6 함께 중탕한 버터, 우유에 ⑤의 일부를 넣고 섞는다.
7 남은 ⑤에 ⑥을 넣고 최종 비중이 46%가 될 때까지 섞는다.
TIP 비중은 반죽의 부피를 재는 것으로 매번 일정한 반죽 상태를 유지하기 위한 기준이 된다. 100cc 컵에 완성된 반죽을 담고 무게를 재서 비중을 측정한다.
8 지름 18㎝ 원형틀에 ⑦을 320g씩 팬닝한다.
9 윗불 180℃, 아랫불 160℃ 오븐에서 15분 동안 구운 다음 뎀퍼를 열고 10분 동안 더 굽는다.
10 오븐에서 꺼낸 틀을 20㎝ 높이에서 떨어뜨려 기공을 고르게 한 다음 시트를 틀에서 꺼낸다.
11 식힘망 위에 ⑩을 올리고 25~30℃까지 식힌 다음 시트의 표면이 마르지 않도록 비닐에 담아서 밀봉한다.

B 비스퀴조콩드

1 믹서볼에 달걀을 넣고 휘퍼로 가볍게 푼 다음 함께 체 쳐놓은 아몬드파우더, 슈거파우더를 넣고 중탕하며 섞는다(여름철 35℃, 겨울철 40℃).

E-4

E-5

G-1

2 ①을 스탠드믹서로 옮겨 반죽이 리본 상태가 될 때까지 중속으로 믹싱한다.
3 다른 믹서볼에 흰자, 설탕을 넣고 휘핑해 단단한 머랭을 만든다.
4 ②에 체 쳐놓은 박력분 ½을 넣고 섞은 다음 ③의 ½을 넣고 가볍게 섞는다.
5 ④에 남은 박력분과 머랭을 각각 넣고 섞은 다음 녹인 버터를 넣고 섞는다.
6 40×60㎝ 철팬에 ⑤를 1,000g 팬닝한 다음 윗불 190℃, 아랫불 160℃ 오븐에서 13분 동안 굽는다.
7 ⑥을 식힌 다음 지름 15㎝ 세르클로 찍어낸다.

TIP 남은 비스퀴조콩드는 밀봉한 다음 급냉하여 -20℃ 미만에서 보관한다.

C 딸기 필링

1 냄비에 딸기 잼을 넣고 끓인 다음 불에서 내려 딸기다이스를 넣고 으깨지지 않도록 섞는다.
2 얼음물에 ①을 올려 10℃까지 식힌다.

D 딸기소스

1 냄비에 딸기 퓌레를 넣고 끓인 다음 함께 체 쳐놓은 딸기파우더, 설탕을 넣고 덩어리가 생기지 않도록 섞는다.
2 얼음물에 ①을 올려 10℃까지 식힌다.

E 딸기 무스

1 D(딸기소스)에 플레인 요거트 ⅔를 섞는다.
2 남은 플레인 요거트를 40℃까지 데우고, 찬물에 불려 물기를 제거한 다음 60℃로 녹인 젤라틴과 섞는다.

TIP 빠른 속도로 섞지 않으면 덩어리가 생길 수도 있으므로 주의한다.

G-2

G-3

G-5

3 ①에 ②를 넣고 섞는다.
4 차가운 믹서볼에 5~6℃의 생크림, 요거트 페이스트를 넣고 휘퍼를 들어 올렸을 때 줄줄 흘러내리는 상태(70~75%)가 될 때까지 중속으로 휘핑한다.
5 ③에 ④의 ⅓을 넣고 가볍게 섞은 다음 남은 ④를 넣고 생크림이 보이지 않을 때까지 섞는다.
TIP 베이스크림과 생크림을 균형에 맞게 섞어야 무겁지 않고 부드러운 무스크림이 된다.

F 요거트 무스

1 차가운 믹서볼에 생크림, 요거트 페이스트, 설탕을 넣고 휘퍼를 들어 올렸을 때 줄줄 흘러내리는 상태(70~75%)가 될 때까지 중속으로 휘핑한다.
2 플레인 요거트 ⅓을 40℃까지 데우고 찬물에 불려 물기를 제거한 다음 60℃로 녹인 젤라틴과 섞는다.
3 ②에 ①의 ⅓을 넣고 가볍게 섞은 다음 남은 ①과 남은 플레인 요거트를 넣고 생크림이 보이지 않을 때까지 섞는다.

G 마무리

1 A(제누아즈)를 1㎝ 두께로 슬라이스 한 다음 위에 C(딸기 필링)를 얇게 펴 바른다.
TIP 남은 제누아즈는 밀봉한 다음 급냉하여 -20℃ 미만에서 보관한다.
2 지름 18㎝ 세르클에 ①을 넣은 다음 E(딸기 무스)를 약 ½ 정도 채운다.
3 B(비스퀴조콩드) 위에 C(딸기 필링)를 얇게 펴 바른다.
4 ② 위에 ③을 올린 다음 크림이 손에 묻어나지 않을 정도까지 냉장고에서 2시간 동안 굳힌다.
5 ④ 위에 F(요거트 무스)를 세르클 높이까지 채운 다음 무스가 손에 묻어나지 않을 때까지 냉장고에서 2시간 동안 굳힌다.
6 시폰깍지에 생크림을 담은 다음 세르클을 제거한 케이크 위에 리본띠 모양으로 짠다,
7 ⑥ 위에 데코스노우를 뿌린다.

응고제 더 깊이 알기

응고제란 식품을 겔화시키는 작용을 하는 물질을 말한다. 제과에서는 특히 무스나 푸딩 등을 만들 때 빠져서는 안 될 역할을 하며, 대표적으로는 펙틴, 젤라틴, 카라기난, 한천 등을 꼽을 수 있다. 각 응고제의 특징을 이해하고 구분해서 사용하면 더 좋은 제품을 만드는 데 도움이 될 것이다.

응고제 종류	한천	카라기난	젤라틴	펙틴
원료	우뭇가사리 등의 홍조류	진도박, 석초 등의 홍조류	동물의 연골, 가죽, 인대, 힘줄	과일의 과육, 껍질
주성분	아가로스, 아가로펙틴	갈락토스, 안하이드로 갈락토스	단백질	폴리갈락투론산
용해(溶解) 온도 및 조건	80℃ 이상	80℃ 이상	50~60℃ 이상	90℃
	미리 물에 담가 둠		미리 물에 불림	물 경도에 따라 다름
응고성	상온 가능	상온 가능	10℃ 이하 냉각 필요	상온 가능
융해(融解) 온도	65℃ 이상 끓어야 융해됨	응고 온도보다 10℃ 이상	25℃ 이상	70℃ 이상 끓어야 융해됨
내산성(耐酸性)	PH 4.5 이상	PH 3.2 이상	PH 3.5 이상	PH 2.5 이상
보수력(保水力)	약	강	강	
	온도 변화로 이수		온도가 높으면 녹음	PH, 당도, 염도량에 따름
응고 농도	0.15% 이상	0.3% 이상	1% 이상	0.3% 이상
투명성	반투명	약간 반투명	투명	반투명
냉동	부적합	적합	부적합	적합
제품 특징	• 입 안의 온도로 녹지 않음 • 단단하나 탄력이 없어 잘 씹힘	• 입 안의 온도로 녹지 않음 • 재료 구성에 따라 강약 조절이 가능함 • 한천보다 점성이 강함	• 입 안에서 녹음 • 식감이 부드럽고 소화흡수력이 좋음 • 탄력, 점성이 좋음	• 부드럽고 탄력이 있음 • 종류에 따라 부드러운 것부터 단단한 것까지 만드는 게 가능함
겔화 기준	농도 1~1.5%	농도 2~3%	농도 3%	펙틴 농도 1%
				PH 3
				설탕 농도 65%

성심 치즈 케이크

일본 홋카이도 오타루에는 '르타오'라는 과자점이 있습니다. 부드러운 식감과 입 안에서 퍼지는 우유의 고소함이 일품인 더블 프로마주 케이크로 유명한 곳이지요. 르타오에 이 치즈 케이크의 비법을 가르쳐주었다는 후지타 셰프의 가게를 우연히 방문할 기회가 있었습니다. 홋카이도 후라노에 위치해 있는데 워낙 산골짜기라 방문 판매보다는 통신 판매가 매출의 70~80%를 차지한다고 합니다. 그곳에서 더블 프로마주 케이크를 먹었는데 정말 잊을 수 없는 맛이었습니다. 케이크 하나가 이렇게 먹는 사람에게 행복감을 줄 수 있구나 하는 걸 실감할 수 있는 좋은 계기였고, 한국에 돌아와 계속 그 맛을 생각하며 만든 것이 바로 이 성심 치즈 케이크입니다.

PREPARATION

A. 물엿, 소금, 바닐라농축액 함께 중탕하기(60℃)
A. 박력분, 베이킹파우더 함께 체 치기
A. 버터, 우유 함께 중탕하기(여름철 40~45℃, 겨울철 50~60℃)
A,B. 지름 15㎝ 원형틀과 세르클에 유산지 깔아놓기
B. 박력분 체 쳐놓기
B. 생크림 중탕하기(20℃)
C. 젤라틴 찬물에 불린 다음 물기 제거하기

YIELD

지름 15㎝ 원형틀 3개 분량

재료

A 제누아즈

재료	분량
달걀	150g
노른자	13g
설탕	110g
물엿	12g
소금	1.2g
바닐라농축액	0.5g
박력분	110g
베이킹파우더	1.2g
버터	30g
우유	15g

B 베이크 치즈 케이크

재료	분량
크림치즈	420g
설탕	150g
달걀	150g
박력분	12g
생크림	90g
A(제누아즈)	적당량

C 치즈 무스

재료	분량
노른자	60g
설탕	90g
우유	75g
젤라틴	9g
마스카르포네	180g
생크림	420g

D 마무리

재료	분량
크렘 샹티이(가당 6%)	적당량
케이크 크럼	적당량

A-8

C-1

C-4

D-1

A 제누아즈

1 믹서볼에 달걀, 노른자를 넣고 휘퍼로 가볍게 푼 다음 설탕을 넣는다.
2 중탕볼에 ①을 올리고 달걀이 익지 않도록 저으면서 반죽의 온도를 맞춘다(여름철 35~40℃, 겨울철 50~55℃).
3 ②를 스탠드믹서에 옮겨 반죽의 거품이 70~80% 정도로 올라올 때까지 고속으로 휘핑한다.
4 ③에 60℃로 함께 중탕한 물엿, 소금, 바닐라농축액을 넣고 리본 상태가 될 때까지 고속으로 믹싱한 다음 저속으로 낮춰 3분 동안 더 믹싱한다.
TIP 마지막에 저속으로 믹싱해야 반죽의 상태를 안정화시킬 수 있다.
5 ④에 함께 체 쳐놓은 박력분, 베이킹파우더를 넣고 섞는다.
6 함께 중탕한 버터, 우유에 ⑤의 일부를 넣고 섞는다.
7 남은 ⑤에 ⑥을 넣고 최종 비중이 48%가 될 때까지 섞는다.
TIP 비중은 반죽의 부피를 재는 것으로 매번 일정한 반죽 상태를 유지하기 위한 기준이 된다. 100cc 컵에 완성된 반죽을 담고 무게를 재서 비중을 측정한다.
8 지름 15㎝ 원형틀에 ⑦을 320g 팬닝한다.
9 윗불 180℃, 아랫불 160℃ 오븐에서 15분 동안 구운 다음 뎀퍼를 열고 10분 동안 더 굽는다.
10 오븐에서 꺼낸 틀을 20㎝ 높이에서 떨어뜨려 기공을 고르게 한 다음 시트를 틀에서 꺼낸다.
11 식힘망 위에 ⑩을 올리고 25~30℃까지 식힌 다음 시트의 표면이 마르지 않도록 비닐에 담아서 밀봉한다.

B 베이크 치즈 케이크

1 볼에 크림치즈를 넣고 부드럽게 푼 다음 설탕을 넣고 설탕이 녹을 때까지 섞는다.
2 ①에 달걀을 3회에 나누어 넣고 섞은 다음 체 쳐놓은 박력분을 넣고 가루 입자가 보이지 않을 때까지 섞는다.
3 ②에 20℃로 데운 생크림을 넣고 섞는다.
4 A(제누아즈)를 1㎝ 두께로 슬라이스 한 다음 지름 15㎝ 세르클에 깔고 ③을 260g씩 넣는다.
5 윗불 150℃, 아랫불 120℃ 오븐에서 20분 동안 구운 다음 냉장고에서 식힌다.

C 치즈 무스

1 부드럽게 푼 노른자에 설탕을 넣고 섞은 다음 끓인 우유를 넣고 섞는다.
2 ①을 중탕볼에 올려 75℃까지 데운다.
3 ②에 찬물에 불려 물기를 제거한 젤라틴을 넣고 섞는다.
4 볼에 마스카르포네를 넣고 부드럽게 푼 다음 ③에 넣고 섞는다.
5 차가운 믹서볼에 5~6℃의 생크림을 넣고 휘퍼를 들어 올렸을 때 줄줄 흘러내리는 상태(70~75%)가 될 때까지 중속으로 휘핑한다.
6 ④에 ⑤를 넣고 생크림이 보이지 않을 때까지 섞는다.

D 마무리

1 B(베이크 치즈 케이크)의 ⑤에 C(치즈 무스)를 세르클 높이까지 채운다.
2 냉장고에 ①을 넣고 무스가 손에 묻어나지 않을 때까지 2시간 동안 굳힌 다음 토치를 이용해 세르클을 제거한다.
3 ② 위에 크렘 샹티이를 올려 얇게 아이싱한 다음 케이크 크럼을 표면 전체에 묻힌다.

TIP 케이크 크럼은 사용하고 남은 제누아즈를 체로 걸러서 만든다.

D-2

D-2

D-3

D-3

석류가 좋아

일반적으로 무스케이크를 만드는 순서는 아래부터 만드는 경우와 거꾸로 위에서부터 만드는 경우가 있습니다. '석류가 좋아'와 같이 위에서부터 만드는 경우는 케이크 표면이 매끄러워야 할 때 많이 이용하는 방법입니다. 그렇지 않으면 케이크 표면이 울퉁불퉁 할 수 있고 중앙 부분이 수분의 이동으로 인해 움푹 들어가는 경우가 발생하여 마무리 작업 때 틈을 메우기 위해 표면에 크림이나 글라사주를 과다하게 사용할 수 있습니다. 특히 '석류가 좋아'는 표면을 매끄럽게 하는 것이 아주 중요하기 때문에 마무리로 미루아르만 바른답니다.

PREPARATION

A, B. 젤라틴 찬물에 불린 다음 물기 제거하기
E. 트레이 위에 OPP비닐을 깔고 지름 15㎝ 세르클 올려놓기

YIELD

지름 15㎝ 세르클 3개 분량

재료

A 석류 무스

물	75g
설탕	228g
달걀	90g
젤라틴	15g
석류농축액	205g
석류시럽	89g
생크림	600g

B 커스터드크림

우유	137g
바닐라빈	¼개
설탕	35g
노른자	35g
박력분	5.7g
전분	5.7g

C 크림치즈 무스

물	30g
설탕	83g
노른자	60g
젤라틴	6g
크림치즈	333g
B(커스터드크림)	33g
생크림	187g
레몬즙	7g

D 크리스피 프랄리네

다크초콜릿	200g
밀크초콜릿	100g
버터	92g
아몬드 프랄리네	900g
파예테 푀양틴	500g
오렌지필	200g

E 마무리

미루아르	적당량
마카롱	적당량
석류	적당량
초콜릿 장식물	적당량
식용 금박	적당량

A-5

A-8

B-4

C-2

A 석류 무스

1 냄비에 물, 설탕을 넣고 118℃까지 끓인다.
2 믹서볼에 달걀을 넣고 스탠드믹서를 이용해 바닥에 액체가 보이지 않을 때까지 휘핑한 다음 ①을 천천히 넣으면서 중고속으로 휘핑한다.
3 시럽을 전부 넣었으면 속도를 중속으로 낮추고 30℃가 될 때까지 섞는다.
4 ③에 찬물에 불려 물기를 제거한 다음 60℃로 녹인 젤라틴을 넣고 섞는다.
5 볼에 석류농축액, 석류시럽을 넣고 섞은 다음 ④의 ⅓을 넣고 섞는다.
6 ⑤에 남은 ④를 넣고 섞는다.
7 차가운 믹서볼에 5~6℃의 생크림을 넣고 휘퍼를 들어 올렸을 때 줄줄 흘러내리는 상태(70~75%)가 될 때까지 중속으로 휘핑한다.
8 ⑥에 ⑦의 ⅓을 넣고 가볍게 섞은 다음 남은 ⑦을 넣고 생크림이 보이지 않을 때까지 섞는다.

B 커스터드크림

1 냄비에 우유, 바닐라빈 씨와 깍지, 설탕 한 줌을 넣고 끓인 다음 체에 거른다.

TIP 체에 거른 바닐라빈의 깍지는 깨끗하게 씻어서 말린 다음 설탕과 함께 분쇄기에 곱게 갈아 구움과자를 만들 때 사용하면 좋다.

2 동냄비에 노른자, 남은 설탕, 박력분, 전분을 넣고 아이보리색이 날 때까지 섞는다.
3 ②에 ①을 2~3회에 나누어 넣고 섞는다.
4 불 위에 ③을 올린 다음 크림이 타지 않도록 고무주걱을 이용해 저으면서 끓인다.

TIP 크림의 농도를 맞추기 위해 중앙 부분이 끓어오르면 약 2분 동안 더 끓인다. 시간은 크림의 양에 따라 달라질 수 있다.

5 소독한 볼에 ④를 옮겨 담은 다음 얼음물 또는 급속 냉각기에 넣고 냉장온도(5℃)까지 식힌다.

TIP 크림을 최대한 빠르게 식혀야 식감이 쫀득해지고 식중독균 번식을 예방할 수 있다.

D-4

E-1

E-2

E-2

C 크림치즈 무스

1 냄비에 물, 설탕을 넣고 117℃까지 끓인다.
2 믹서볼에 노른자를 넣고 뽀얗게 될 때까지 휘핑한 다음 ①을 조금씩 넣고 30℃가 될 때까지 중속으로 휘핑해 파트 아 봉브를 만든다.
3 ②에 찬물에 불려 물기를 제거한 다음 60℃로 녹인 젤라틴을 넣고 섞는다.
4 볼에 크림치즈를 넣고 부드럽게 푼 다음 B(커스터드크림)를 넣고 거품기를 이용해 섞는다.
5 ③에 ④의 ⅓을 넣고 섞은 다음 남은 ④를 넣고 섞는다.
6 차가운 믹서볼에 생크림, 레몬즙을 넣고 휘퍼를 들어 올렸을 때 줄줄 흘러내리는 상태(70~75%)가 될 때까지 중속으로 휘핑한다.
7 ⑤에 ⑥의 ⅓을 넣고 섞은 다음 남은 ⑥을 넣고 생크림이 보이지 않을 때까지 섞는다.

D 크리스피 프랄리네

1 중탕볼에 다크초콜릿, 밀크초콜릿을 올려 40℃로 녹인다.
2 볼에 부드럽게 푼 버터, 아몬드 프랄리네를 넣고 섞은 다음 ①에 넣고 섞는다.
3 ②에 파예테 푀양틴과 0.5㎝로 다진 오렌지필을 넣고 섞는다.
4 OPP비닐을 깔아놓은 트레이 위에 ③을 올려 지름 13㎝, 두께 0.4㎝의 원형으로 편 다음 초콜릿냉장고(15℃)에서 굳힌다.

TIP 미지근하게 데워 놓은 트레이를 이용하면 반죽이 빨리 굳는 것을 예방할 수 있다.

E 마무리

1 지름 15㎝ 세르클에 A(석류 무스)를 틀의 60% 정도 채운 다음 냉장고에 넣고 무스가 손에 묻지 않을 때까지 2시간 동안 굳힌다.
2 ①에 C(크림치즈 무스)를 틀의 끝까지 채운 다음 D(크리스피 프랄리네)를 올려 냉장고에서 2시간 동안 굳힌다.
3 ②를 뒤집어 A(석류 무스)가 위로 향하게 한 다음 미루아르를 얇게 펴 바른다.
4 세르클을 제거한 ③ 위에 마카롱, 석류, 초콜릿 장식물, 식용 금박을 올린다.

알프스 스노우 케이크

알프스의 빙산을 연상케 하는 모양이지만 실제로는 케이크 안에 딸기가 들어 있어
차가운 느낌과 따듯한 느낌이 공존하는 케이크라고 할 수 있습니다. 케이크를 드시는 고객들은
의외의 부드러움과 달콤함에 행복을 느낄 수 있을 것입니다.

PREPARATION

A. 지름 18㎝ 원형틀에 유산지 깔아놓기
A. 물엿, 소금, 바닐라농축액 함께 중탕하기(60℃)
A. 박력분, 베이킹파우더 함께 체 치기
A. 버터, 우유 함께 중탕하기(여름철 40~45℃, 겨울철 50~60℃)

YIELD

지름 18㎝ 원형틀 2개 분량

재료

A 제누아즈

달걀	300g
노른자	26g
설탕	220g
물엿	24g
소금	2.4g
바닐라농축액	1g
박력분	220g
베이킹파우더	2.4g
버터	60g
우유	30g

B 딸기 콩포트

딸기	500g
설탕A	50g
물엿	20g
설탕B	10g
펙틴	4g
레몬즙	10g

C 생크림

생크림(41%)	1,000g
설탕	60g

D 마무리

딸기	적당량

A-2

A-4

D-1

D-1

A 제누아즈

1 믹서볼에 달걀, 노른자를 넣고 휘퍼로 가볍게 푼 다음 설탕을 넣는다.
2 중탕볼에 ①을 올리고 달걀이 익지 않도록 저으면서 반죽의 온도를 맞춘다(여름철 35~40℃, 겨울철 50~55℃).
3 ②를 스탠드믹서에 옮겨 반죽의 거품이 70~80% 정도로 올라올 때까지 고속으로 휘핑한다.
TIP 70~80%는 주걱으로 반죽을 들어 올렸을 때 반죽이 1초 안에 빠르게 퍼지는 상태이다.
4 ③에 60℃로 함께 중탕한 물엿, 소금, 바닐라농축액을 넣고 리본 상태가 될 때까지 고속으로 믹싱한 다음 저속으로 낮춰 3분 동안 더 믹싱한다.
TIP 마지막에 저속으로 섞어야 반죽의 상태를 안정화시킬 수 있다.
5 ④에 함께 체 쳐놓은 박력분, 베이킹파우더를 넣고 섞는다.
6 함께 중탕한 버터, 우유에 ⑤의 일부를 넣고 섞는다.
7 남은 ⑤에 ⑥을 넣고 최종 비중이 46%가 될 때까지 섞는다.
TIP 비중은 반죽의 부피를 재는 것으로 매번 일정한 반죽 상태를 유지하기 위한 기준이 된다. 100cc 컵에 완성된 반죽을 담고 무게를 재서 비중을 측정한다.
8 지름 18㎝ 원형틀에 ⑦을 320g씩 팬닝한다.
9 윗불 180℃, 아랫불 160℃ 오븐에서 15분 동안 구운 다음 댐퍼를 열고 10분 동안 더 굽는다.
10 오븐에서 꺼낸 틀을 20㎝ 높이에서 떨어뜨려 기공을 고르게 한 다음 시트를 틀에서 꺼낸다.
11 식힘망 위에 ⑩을 올리고 25~30℃까지 식힌 다음 시트의 표면이 마르지 않도록 비닐에 담아서 밀봉한다.

B-1

C-1

D-2

D-6

B 딸기 콩포트

1 냄비에 딸기, 설탕A, 물엿을 넣고 60℃까지 가열한다.
2 다른 냄비에 ①의 10%를 넣고, 함께 섞어 놓은 설탕B와 펙틴을 넣은 다음 끓인다.
3 ①에 ②를 넣고 섞은 다음 레몬즙을 넣고 섞는다.

C 생크림

1 차가운 믹서볼에 5~6℃의 생크림, 설탕을 넣고 휘퍼를 들어 올렸을 때 생크림이 천천히 흘러내리는 상태(75~80%)가 될 때까지 중속으로 휘핑한다.
 TIP 고속으로 섞을 경우 시간은 단축되지만 거칠고 불안정한 크림이 될 수 있으므로 반드시 중속으로 휘핑한다.

D 마무리

1 A(제누아즈)를 두께 1㎝로 세 장 자른 다음 테두리를 잘라 모서리가 둥근 사각형 모양으로 만들고 위에 시럽을 각각 6g씩 바른다.
 TIP 시럽은 물과 설탕을 2:1 비율로 끓여서 만든다.
2 ①의 시트 한 장 위에 C(생크림)를 60g 올리고 스패튤러를 이용해 평평하게 편 다음 B(딸기 콩포트)의 40g을 골고루 올린다.
3 ② 위에 또 한 장의 시트를 올리고 남은 C(생크림)를 60g 올려 평평하게 편 다음 3㎜ 두께로 슬라이스 한 딸기를 올린다.
4 ③ 위에 C(생크림)를 약간 올려 빈 공간이 없도록 평평하게 편 다음 남은 시트를 올린다.
 TIP 가장 위에 있는 시트는 크럼이 일어나지 않은 것을 사용하며, 시럽은 양면에 다 바른다.
5 ④ 위에 C(생크림)를 90g 올린 다음 2~3㎜ 두께로 얇게 아이싱한다.
6 나뭇잎모양깍지를 낀 짤주머니에 C(생크림)를 160g 넣고, ⑤의 표면 전체에 짠 다음 딸기를 올린다.

Chapter 02

나누고 싶은 작은 행복

Petit Gateau

은행동연가

사랑하는 연인끼리 서로 주고받는 케이크였으면 좋겠다는 바람으로 만들었습니다.
무스에 화이트초콜릿을 듬뿍 넣어 깊은 맛을 냈고 딸기 무스로 색상과 맛을 한층 끌어올려 밸런스를 맞추었습니다. 그리고 제품이름에 지역 이름인 은행동을 넣어 친근함을 더했습니다.

PREPARATION

A. 40×60㎝ 철팬에 유산지 깔아놓기
A. 아몬드파우더, 슈거파우더 함께 체 치기
A. 박력분 체 치기
A. 버터 중탕으로 녹이기(여름철 40~45℃, 겨울철 50~60℃)
D. 젤라틴 찬물에 불린 다음 물기 제거하기
F. 트레이 위에 OPP비닐 올리고 무스컵 깔아놓기

YIELD

135cc 무스 컵 36개 분량

재료

A 비스퀴조콩드

달걀	2,700g(약 54개)
아몬드파우더	1,880g
슈거파우더	1,880g
흰자	1,200g
설탕	420g
박력분	450g
버터	150g

B 화이트초콜릿 무스

화이트초콜릿	1,800g
우유	1,458g
노른자	338g
설탕	81g
젤라틴	34g
생크림	2,944g
키르슈 리큐어	63g

C 딸기 쿨리

냉동 딸기	1,080g
딸기 퓌레	1,184g
설탕	296g
레몬즙	60g
젤라틴	32g

D 딸기 무스

딸기 퓌레	1,440g
산딸기 퓌레	576g
냉동 딸기	1,440g
노른자	576g
설탕	540g
젤라틴	58g
생크림(38%)	2,880g
사워크림	288g

E 딸기 젤리

딸기 시럽(리고)	600g
산딸기 퓌레	1,000g
설탕	400g
젤라틴	60g

F 마무리

다크초콜릿(56%)	적당량
파예테 푀양틴	적당량
생크림(휘핑한 것)	적당량
레드커런트	적당량
딸기	적당량

A-2

C-1

D-6

F-2

A 비스퀴조콩드

1 믹서볼에 달걀을 넣고 휘퍼로 가볍게 푼 다음 함께 체 쳐놓은 아몬드파우더, 슈거파우더를 넣고 중탕하며 섞는다(여름철 35℃, 겨울철 40℃).
2 ①을 스탠드믹서로 옮겨 반죽이 리본 상태가 될 때까지 중속으로 믹싱한다.
3 다른 믹서볼에 흰자, 설탕을 넣고 휘핑해 단단한 머랭을 만든다.
4 ②에 체 쳐놓은 박력분 ½을 넣고 섞은 다음 ③의 ½을 넣고 가볍게 섞는다.
5 ④에 남은 박력분과 머랭을 각각 넣고 섞은 다음 녹인 버터를 넣고 섞는다.
6 40×60㎝ 철팬에 ⑤를 1,000g씩 팬닝한 다음 윗불 190℃, 아랫불 160℃ 오븐에서 13분 동안 굽는다.
7 ⑥을 식힌 다음 지름 3.5㎝ 세르클을 이용해 36개로 찍어낸다.

B 화이트초콜릿 무스

1 볼에 화이트초콜릿을 넣고 중탕으로 녹인다.
2 냄비에 우유를 넣고 끓인다.
3 다른 볼에 노른자, 설탕을 넣고 휘핑한 다음 ②를 넣고 섞는다.
4 중탕볼에 ③을 올리고 83℃까지 가열해 크렘 앙글레즈를 만든다.
5 ①에 ④의 ⅓을 넣고 섞는다.
6 남은 ④에 찬물에 불려 물기를 제거한 젤라틴을 넣고 섞은 다음 ⑤에 넣고 섞는다.
7 얼음물에 ⑥을 올려 크림의 밑부분이 살짝 굳을 때까지 주걱으로 저으면서 식힌다.
8 믹서볼에 생크림, 키르슈 리큐어를 넣고 휘퍼를 들어 올렸을 때 생크림이 천천히 흘러내리는 상태(75~80%)가 될 때까지 휘핑한다.
9 ⑦에 ⑧을 2~3회에 나누어 넣고 섞는다.

F-3

F-4

F-4

F-5

C 딸기 쿨리

1 냄비에 냉동 딸기, 딸기 퓌레, 설탕을 넣고 끓이면서 거품이 떠오르면 걷어낸다.
2 ①을 불에서 내린 다음 레몬즙, 찬물에 불려 물기를 제거한 젤라틴을 넣고 섞는다.

D 딸기 무스

1 냄비에 딸기 퓌레, 산딸기 퓌레, 냉동 딸기를 넣고 끓인다.
2 볼에 노른자, 설탕을 넣고 휘핑한 다음 ①을 넣고 섞는다.
3 중탕볼에 ②를 올리고 83℃까지 가열해 크렘 앙글레즈를 만든다.
4 ③에 찬물에 불려 물기를 제거한 젤라틴을 넣고 섞은 다음 식힌다.
5 믹서볼에 생크림을 넣고 휘퍼를 들어 올렸을 때 생크림이 천천히 흘러내리는 상태(75~80%)가 될 때까지 휘핑한다.
6 ④에 사워크림을 넣고 섞은 다음 ⑤를 나누어 넣고 섞는다.

E 딸기 젤리

1 냄비에 딸기 시럽, 산딸기 퓌레, 설탕을 넣고 끓인다.
2 ①을 불에서 내린 다음 찬물에 불려 물기를 제거한 젤라틴을 넣고 섞는다.
3 ②를 체에 거른 다음 35~40℃까지 식힌다.

F 마무리

1 볼에 다크초콜릿을 넣고 중탕으로 녹인 다음 파예테 푀양틴을 넣고 섞는다.
2 지름 3.5㎝의 A(비스퀴조콩드) 위에 ①을 1.5㎜ 두께로 얇게 펴 바른다.
3 무스 컵에 다크초콜릿을 위로 향하게 하여 ②를 담고, B(화이트초콜릿 무스)를 컵의 ½까지 채운 다음 냉장고에서 2시간 동안 굳힌다.
TIP 냉장고가 아닌 냉동고에서 크림을 장시간 굳히게 되면 온도 차이 때문에 수분이 생겨 각각의 크림이 분리될 수 있다. 따라서 크림이 손에 묻어나지 않을 정도까지 냉장고에서 굳힌다.
4 ③ 위에 C(딸기 쿨리)를 얇게 펴 올리고 냉장고에서 2시간 동안 굳힌 다음 D(딸기 무스)를 컵의 높이까지 채워 냉장고에서 굳힌다.
5 ④ 위에 E(딸기 젤리)를 얇게 펴 바른 다음 생크림, 레드커런트, 딸기로 장식한다.

딸기 토끼

어린이날을 기념하여 아이들이 좋아할만한 케이크가 뭘까 고민하다 토끼 모양의 딸기 무스와 치즈 무스를 조화시킨 제품을 만들었습니다. 원래 어린이날에만 한정 판매하려 했는데 주말에 아이를 동반한 가족들이 많이 찾으셔서 지금은 주말 한정으로 판매하고 있습니다.

PREPARATION

A. 40×60㎝ 철팬에 유산지 깔아 놓기
A. 아몬드파우더, 슈거파우더 함께 체 치기
A. 박력분 체 치기
A. 버터 중탕으로 녹이기(여름철 40~45℃, 겨울철 50~60℃)
C, D. 젤라틴 찬물에 불린 다음 물기 제거하기

YIELD

170cc 돔형 무스 틀 10개 분량

재료

A 비스퀴조콩드
(40×60㎝ 1판)

재료	분량
달걀	292g
아몬드파우더	204g
슈거파우더	291g
흰자	130g
설탕	45g
박력분	49g
버터	16g

B 딸기 소스

재료	분량
딸기 퓌레	60g
딸기파우더	8g
설탕	8g

C 딸기 무스

재료	분량
B(딸기소스)	전량(全量)
플레인 요거트	205g
요거트 페이스트	104g
젤라틴	10g
생크림	308g

D 크림치즈 무스

재료	분량
크림치즈	460g
설탕	148g
사워크림	90g
젤라틴	5g
생크림	333g
레몬즙	16g

E 우유 글라사주

재료	분량
생크림	60g
우유	60g
설탕	20g
물엿	15g
미루아르	60g
젤라틴	5g

F 마무리

재료	분량
초콜릿 장식물	적당량
초콜릿 미루아르	적당량

F-1

F-1

F-2

F-2

A 비스퀴조콩드

1 믹서볼에 달걀을 넣고 휘퍼로 가볍게 푼 다음 함께 체 쳐놓은 아몬드파우더, 슈거파우더를 넣고 중탕하며 섞는다(여름철 35℃, 겨울철 40℃).
TIP 중탕 온도가 높으면 아몬드파우더에서 기름이 나오기 때문에 기포형성을 막는다.

2 ①을 스탠드믹서로 옮겨 반죽이 리본 상태가 될 때까지 중속으로 믹싱한다.
TIP 아몬드파우더가 들어간 반죽은 일반적인 달걀 반죽보다 끈기가 덜하기 때문에 고속으로 휘핑하면 기포형성이 어렵다.

3 다른 믹서볼에 흰자, 설탕을 넣고 휘핑해 휘퍼를 들어 올렸을 때 끝이 약간 휘는 상태의 머랭을 만든다.
4 ②에 체 쳐놓은 박력분 ½을 넣고 섞은 다음 ③의 ½을 넣고 가볍게 섞는다.
5 ④에 남은 박력분과 머랭을 각각 넣고 섞은 다음 녹인 버터를 넣고 섞는다.
6 40×60㎝ 철팬에 ⑤를 1,000g씩 팬닝한 다음 윗불 190℃, 아랫불 160℃ 오븐에서 13분 동안 굽는다.
7 ⑥을 식힌 다음 지름 6.5㎝ 세르클을 이용해 10개 찍어낸다.

B 딸기 소스

1 냄비에 딸기 퓌레를 넣고 끓인 다음 함께 체 쳐놓은 딸기파우더, 설탕을 넣고 덩어리가 생기지 않도록 거품기를 이용해 섞는다.
2 얼음물에 ①을 올려 15℃까지 식힌다.

C 딸기 무스

1 볼에 B(딸기 소스), 플레인 요거트 ⅔, 20℃로 데운 요거트 페이스트를 넣고 섞는다.
2 남은 플레인 요거트를 40℃까지 데우고 찬물에 불려 물기를 제거한 다음 60℃로 녹인 젤라틴과 섞는다.
TIP 빠른 속도로 섞지 않으면 덩어리가 생길 수도 있으므로 주의한다.

3 ①에 ②를 넣고 섞는다(크림 온도 15~20℃).
4 차가운 믹서볼에 5~6℃의 생크림을 넣고 휘퍼를 들어 올렸을 때 줄줄 흘러내리는 상태(70~75%)가 될 때까지 중속으로 휘핑한다.
5 ③에 ④의 ⅓을 넣고 가볍게 섞은 다음 남은 ④를 넣고 생크림이 보이지 않을 때까지 섞는다.

F-3

F-4

F-4

F-5

D 크림치즈 무스

1 볼에 35~40℃의 크림치즈를 넣고 부드럽게 푼 다음 설탕을 넣고 설탕이 녹을 때까지 섞는다.
2 40℃로 데운 사워크림에 찬물에 불려 물기를 제거한 다음 60℃로 녹인 젤라틴을 넣고 섞는다.
3 ①에 ②를 넣고 섞은 다음 크림이 굳기 직전까지 식힌다.
4 차가운 믹서볼에 5~6℃의 생크림, 레몬즙을 넣고 휘퍼를 들어 올렸을 때 줄줄 흘러내리는 상태(70~75%)가 될 때까지 중속으로 휘핑한다.
5 ③에 ④를 2~3회 나누어 넣고 섞은 다음 OPP비닐을 깔아놓은 트레이 위에 부어 2㎝ 두께로 평평하게 편다.
6 냉장고에 ⑤를 넣고 크림이 손에 묻어나지 않을 때까지 2시간 동안 굳힌 다음 지름 3㎝ 세르클을 이용해 10개 찍어낸다.

E 우유 글라사주

1 냄비에 생크림, 우유, 설탕, 물엿을 넣고 끓인다.
2 ①에 미루아르, 찬물에 불려 물기를 제거한 젤라틴을 넣고 섞은 다음 찬물에 올려 23℃까지 식힌다.

F 마무리

1 지름 7㎝ 돔형 무스 틀에 C(딸기 무스)를 틀의 40%까지 채우고 스패튤러나 스푼을 이용해 옆면에 바른다.
2 ① 위에 D(크림치즈 무스)를 올린 다음 남은 C(딸기 무스)를 틀의 90%까지 채운다.
3 ② 위에 A(비스퀴조콩드)를 올린 다음 무스가 손에 묻어나지 않을 때까지 냉장고에서 2시간 동안 굳힌다.
4 토치로 케이크 틀을 살짝 달궈 케이크를 분리한 다음 식힘망 위에 올리고 E(우유 글라사주)를 부어 얇게 씌운다.
5 ④ 위에 초콜릿 장식물을 꽂아 토끼의 귀를 만든 다음 초콜릿 미루아르로 눈, 코, 입을 그린다.

라네주

외국 디저트숍에 가보면 거즈에 싸서 판매하고 있는 치즈 케이크를 흔히 볼 수 있는데 이에 착안해 만든 제품입니다. 멀리서 성심당을 찾아주시는 분들을 위해 차 안에서 손에 묻지 않게 먹을 수 있도록 케이스 안에 넣은 부드러운 치즈 케이크를 개발하게 되었습니다.

PREPARATION

A. 젤라틴 찬물에 불린 다음 물기 제거하기
B. 설탕A, 트레할로스 함께 섞어 놓기
B. 설탕B, 머랭 안정제 함께 섞어 놓기
C. 플레인 요거트 거즈로 감싸서 누름돌로 누른 다음 냉장고에서 하루 동안 물기 빼기

YIELD

10개 분량

재료

A 쥴레 루즈

라즈베리 퓌레	44g
설탕	24g
라즈베리	49g
젤라틴	1.4g

B 이탈리안 머랭

물	40g
설탕A	77g
트레할로스	40g
흰자	68g
설탕B	15g
머랭 안정제 (이나겔 C300)	2.4g

C 본반죽

플레인 요거트	121g
사워크림	121g
크림치즈	121g
생크림(38%)	146g
B(이탈리안 머랭)	270g

D 마무리

크렘 샹티이(가당 6%)	적당량
데코스노우	적당량

C

A 쥴레 루즈

1 냄비에 라즈베리 퓌레, 설탕을 넣고 끓인 다음 라즈베리를 넣고 다시 한 번 끓인다.
2 ①을 불에서 내린 다음 찬물에 불려 물기를 제거한 젤라틴을 넣고 섞는다.
3 OPP비닐을 깔아놓은 트레이 위에 ②를 붓고 0.5㎝ 두께로 평평하게 편다.
4 냉장고에 ③을 넣고 쥴레가 손에 묻어나지 않을 때까지 2시간 동안 굳힌 다음 지름 5㎝ 세르클을 이용해 10개 찍어낸다.

C-1

D-2

D-2

B 이탈리안 머랭

1 냄비에 물, 함께 섞어 놓은 설탕A, 트레할로스를 넣고 117℃까지 끓인다.
TIP 냄비의 가장자리에 닿는 시럽이 타지 않도록 물을 적신 붓을 이용해 냄비의 안쪽 부분을 닦으면서 작업한다.

2 믹서볼에 흰자를 넣고 부드럽게 푼 다음 함께 섞어 놓은 설탕B, 머랭 안정제를 넣고 휘핑한다.
TIP 액체 상태의 흰자가 믹서볼 바닥에 보이지 않을 때까지(50%) 휘핑한다. 50% 이하로 섞은 흰자거품에 뜨거운 시럽을 부으면 흰자가 익을 가능성이 높다.

3 ②에 ①을 조금씩 넣으면서 중고속으로 휘핑한 다음 시럽을 전부 넣었으면 중속으로 속도를 낮추고 20~25℃가 될 때까지 휘핑한다.
TIP 무스케이크에 많이 사용하는 이탈리안 머랭은 휘핑 속도가 중요하다. 속도가 너무 느리면 뜨거운 시럽에 의해 흰자가 익을 수 있으며, 빠르면 머랭의 온도가 급격하게 떨어져 흰자의 살균력이 약해질 수 있다.

C 본반죽

1 하루 전에 물기를 제거한 플레인 요거트에 사워크림을 넣고 섞는다.
2 부드럽게 푼 크림치즈에 ①을 2~3회 나누어 넣고 섞는다.
3 차가운 믹서볼에 5~6℃의 생크림을 넣고 휘퍼를 들어 올렸을 때 뿔이 뾰족하게 솟은 상태(100%)가 될 때까지 중속으로 휘핑한다.
4 ②에 ③을 넣고 생크림이 보이지 않을 때까지 섞은 다음 B(이탈리안 머랭)를 3회에 나누어 넣고 섞는다.

D 마무리

1 무스 컵에 C(본반죽)를 컵의 40%까지 채운다.
2 ① 위에 A(즐레 루즈)를 올린 다음 남은 C(본반죽)를 컵의 95%까지 채운다.
3 냉장고에 ②를 넣고 1시간 이상 굳힌 다음 크렘 샹티이를 원형 모양으로 짜고 데코스노우를 뿌린다.

머랭 더 깊이 알기

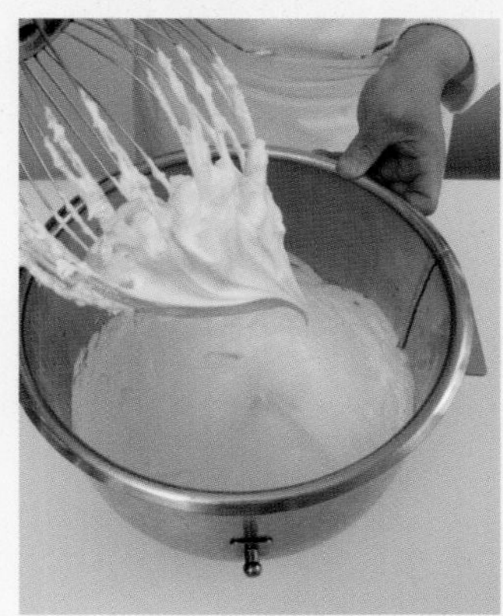

흰자와 설탕의 양에 따라 달라지는

머랭 휘핑 방법

흰자에 비해 설탕이 많은 경우

처음 휘핑할 때 소량의 설탕을 넣고 거품이 50% 이상 올라오면 나머지 설탕을 나누어 넣으면서 휘핑한다. 설탕을 한 번에 너무 많이 넣으면 휘핑 시간이 길어지고 잘 부풀지 않아 결국 반죽 볼륨에 좋지 않은 영향을 준다.

흰자에 비해 설탕이 적은 경우

처음부터 나누어 넣으며 휘핑한다. 50% 미만 지점에서 모든 설탕을 다 넣어야 한다. 그렇지 않으면 머랭이 너무 빨리 올라 버석거리거나 불안정해져 기포가 빨리 꺼지기 때문에 반죽이 거칠어지고 볼륨이 나오지 않을 수 있다.

머랭 만들 때 주의해야 하는

흰자의 온도

차갑게 보관한 흰자로 머랭을 만들 경우 실온의 흰자를 사용할 때보다 거품을 올리기는 어렵지만 더욱 단단하고 안정된 머랭을 만들 수 있다. 하지만 반죽에 버터나 초콜릿이 들어간 경우에는 흰자의 낮은 온도가 악영향을 끼칠 수 있으므로 실온 상태의 흰자를 사용하도록 한다.

리얼 치즈 케이크

푸딩과 같은 식감을 내기 위해 우유와 크림치즈를 동일한 양으로 넣어
중탕으로 구운 치즈 케이크입니다. 컵에 담겨있다는 편리성과 한 개 더 먹을 수 있는 양의
작은 사이즈라는 점 때문에 자꾸 손이 가는 제품이기도 합니다.

PREPARATION

A. 철팬 위에 타월 또는 종이를 깔고 수플레 컵 올려놓기

YIELD

136cc 수플레 컵 12개 분량

재료

A 수플레 반죽

생크림	595g
우유	298g
크림치즈	298g
바닐라빈	½개
달걀	60g
노른자	357g
설탕	178g

B 마무리

미루아르	적당량
슈거파우더	적당량

A 수플레 반죽

1 로보쿡이나 푸드프로세서에 모든 재료를 넣고 골고루 섞은 다음 랩을 씌워 실온에서 30분 동안 휴지시킨다.

2 ①의 윗부분에 뜬 거품을 제거한 다음 철팬 위에 올려놓은 수플레 컵에 95%까지 반죽을 채운다.

TIP 오븐과 가까운 곳에서 반죽을 부어야 이동하는 동안 흘리지 않는다.

TIP 수플레 컵의 간격을 일정하게 놓지 않으면 완성된 케이크의 색이 다르고 같은 시간에 구워지지 않는다.

3 ②의 철팬 위에 물(분량 외)을 1㎝ 높이로 채운다.

4 윗불 190℃, 아랫불 160℃ 오븐에서 뎀퍼를 열고 2㎝ 정도 문을 연 채 10분 동안 굽는다.

5 수플레 윗부분에 색이 나면 윗불을 180℃로 낮추고 20분 동안 더 굽는다.

B 마무리

식은 A(수플레 반죽) 위에 미루아르를 얇게 펴 바르고 슈거파우더를 뿌린다.

A-1

A-1

A-2

A-2

탑셰프의 몽블랑

품질 좋은 밤 산지인 공주가 가까이 있어서 수입산 밤페이스트 대신
공주산 밤을 맛있게 조리하여 밤 그대로의 맛을 잘 살려보자는 취지에서 개발한 몽블랑 제품입니다.
햇밤이 나오는 9월에서 10월까지만 계절한정상품으로 출시하고 있습니다.

PREPARATION

A. 40×60㎝ 철팬에 유산지 깔아놓기
A. 물엿, 소금 함께 중탕하기(60℃)
A. 박력분, 전분, 베이킹파우더 함께 체 치기
A. 버터, 우유 중탕하기(여름철 40~45℃, 겨울철 50~60℃)
C. 생밤 껍질 벗겨 놓기

YIELD

11개 분량

재료

A 제누아즈

재료	분량
달걀	280g
노른자	40g
설탕	160g
물엿	16g
소금	1.4g
박력분	76g
전분	20g
베이킹파우더	1.4g
버터	40g
우유	28g

B 커스터드크림

재료	분량
우유	310g
바닐라빈	½개
설탕	80g
노른자	80g
전분	13g
박력분	13g

C 공주알밤 전처리

재료	분량
생밤(껍질 벗긴 것)	500g
물	500g
설탕	400g

D 공주알밤 페이스트

재료	분량
버터	100g
슈거파우더	735g
바닐라농축액	1g
C(공주알밤 전처리)	500g

E 기본 생크림

재료	분량
생크림(41%)	1,000g
설탕	60g

F 밤크림

재료	분량
B(커스터드크림)	75g
D(공주알밤 페이스트)	750g
E(기본 생크림)	125g
럼(네그리타)	2g

G 마무리

재료	분량
데코스노우	적당량

C-1

D-2

D-2

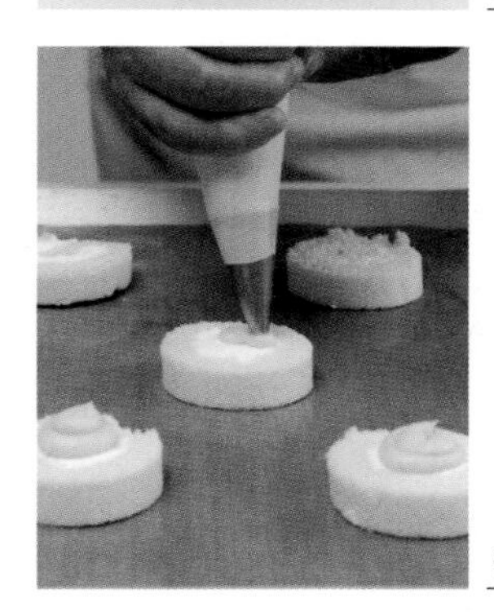
G-3

A 제누아즈

1 믹서볼에 달걀, 노른자를 넣고 휘퍼로 가볍게 푼 다음 설탕을 넣는다.
2 중탕볼에 ①을 올리고 달걀이 익지 않도록 저으면서 반죽의 온도를 맞춘다(여름철 35~40℃, 겨울철 50~55℃).
3 ②를 스탠드믹서에 옮겨 반죽의 거품이 70~80% 정도로 올라올 때까지 고속으로 휘핑한다.

TIP 70~80%는 주걱으로 반죽을 들어 올렸을 때 반죽이 1초 안에 빠르게 퍼지는 상태이다.

4 ③에 60℃로 함께 중탕한 물엿, 소금을 넣고 리본 상태가 될 때까지 고속으로 믹싱한 다음 저속으로 낮춰 3분 동안 더 믹싱한다.
5 ④에 함께 체 쳐놓은 박력분, 전분, 베이킹파우더를 넣고 섞는다.
6 함께 중탕한 버터, 우유에 ⑤의 일부를 넣고 섞는다.
7 남은 ⑤에 ⑥을 넣고 최종 비중이 28%가 될 때까지 섞는다.

TIP 비중은 반죽의 부피를 재는 것으로 매번 일정한 반죽 상태를 유지하기 위한 기준이 된다. 100cc 컵에 완성된 반죽을 담고 무게를 재서 비중을 측정한다.

8 40×60㎝ 철팬에 ⑦을 600g 올린 다음 평평하게 편다.
9 윗불 170℃, 아랫불 170℃ 오븐에서 14분 동안 구운 다음 뎀퍼를 열고 3분 동안 더 굽는다.

TIP 제누아즈의 밑면이 타지 않도록 철팬을 두 장 깐다.

10 오븐에서 꺼낸 틀을 10㎝ 높이에서 떨어뜨려 기공을 고르게 한 다음 시트를 틀에서 꺼낸다.
11 식힘망 위에 ⑩을 올리고 25~30℃까지 식힌 다음 시트의 표면이 마르지 않도록 비닐에 담아서 밀봉한다.

B 커스터드크림

1 냄비에 우유, 바닐라빈 씨와 깍지, 설탕 한 줌을 넣고 끓인 다음 체에 거른다.

TIP 체에 거른 바닐라빈의 깍지는 깨끗하게 씻어서 말린 다음 설탕과 함께 분쇄기에 곱게 갈아 구움과자를 만들 때 사용하면 좋다.

2 동냄비에 노른자, 남은 설탕, 전분, 박력분을 넣고 아이보리색이 날 때까지 섞는다.
3 ②에 ①을 2~3회에 나누어 넣고 섞는다.
4 불 위에 ③을 올리고 고무주걱을 이용해 저으면서 끓인다.

TIP 크림의 농도를 맞추기 위해 중앙 부분이 끓어오르면 약 2분 동안 더 끓인다. 시간은 크림의 양에 따라 달라질 수 있다.

5 소독한 볼에 ④를 옮겨 담은 다음 얼음물 또는 급속 냉각기에 넣고 냉장온도(5℃)까지 식힌다.

TIP 크림을 최대한 빠르게 식혀야 식감이 쫀득해지고 식중독균 번식을 예방할 수 있다.

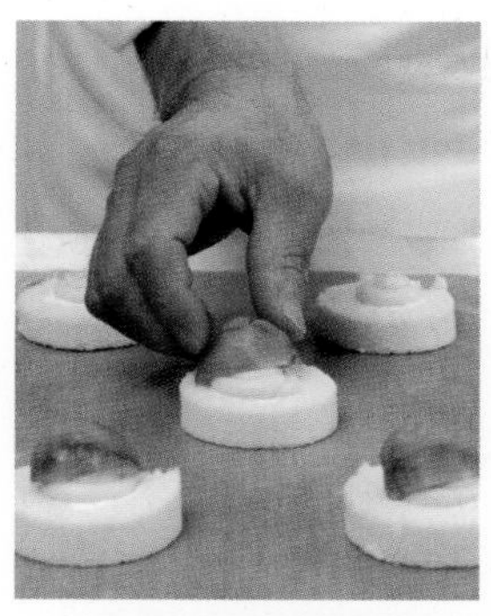
G-3

G-4

G-5

G-6

C 공주알밤 전처리

1 압력솥에 깨끗하게 씻은 생밤, 물, 설탕을 넣고 중불로 끓인다.
TIP 가열하는 동안 생기는 거품은 국자로 떠서 제거한다.
2 ①의 뚜껑을 닫은 다음 압력솥의 추에서 소리가 나기 시작하면 약불로 줄이고 7~8분 동안 뜸을 들인다(Brix 45).
TIP Brix는 잼의 온도가 20~25℃일 때 당도계 위에 떨어뜨려 재는 것이 좋다.
3 ②를 체에 걸러 시럽을 제거한 다음 20℃까지 식힌다.

D 공주알밤 페이스트

1 믹서볼에 버터를 넣고 부드럽게 푼 다음 슈거파우더, 바닐라농축액을 넣고 섞는다.
2 푸드프로세서에 C(공주알밤 전처리)를 넣고 곱게 간 다음 ①에 넣고 가볍게 섞는다.

E 기본 생크림

1 차가운 믹서볼에 5~6℃의 생크림, 설탕을 넣고 휘퍼를 들어 올렸을 때 생크림이 살짝 휘는 상태(90%)가 될 때까지 중속으로 휘핑한다.

F 밤크림

1 볼에 B(커스터드크림), D(공주알밤 페이스트)를 넣고 섞는다.
2 ①에 E(기본 생크림), 럼을 넣고 생크림이 보이지 않을 때까지 섞는다.
TIP 밤크림이 너무 된 경우, 생크림(38%)을 가감하여 되기를 조절한다.

G 마무리

1 A(제누아즈)를 40×30㎝로 자른 다음 위에 E(기본 생크림)를 150g 올리고 스패튤러를 이용해 평평하게 편다.
2 ①을 돌돌 말아 지름 5㎝의 롤을 만든 다음 1.5㎝ 두께로 자른다.
3 ② 위에 B(커스터드크림)를 5g 짠 다음 C(공주알밤 전처리)를 한 알 올린다.
4 원형깍지를 낀 짤주머니에 E(기본 생크림)를 넣고 ③ 위에 나선형으로 짠 다음 냉장고에서 1시간 동안 안정시킨다.
5 몽블랑 반죽주입기에 F(밤크림)를 넣고 앞뒤로 짠 다음 대각선 방향으로 한 번 더 짜 생크림이 보이지 않게 한다(총 80g씩).
6 ⑤ 위에 데코스노우를 뿌린 다음 케이크의 꼭대기 부분에 남은 E(기본 생크림)를 물방울 모양으로 짠다.
7. ⑥ 위에 C(공주알밤 전처리)를 한 알 올린다.

쇼콜라 프랄린

초콜릿과 아몬드 프랄린은 각각의 개성이 강하면서도 잘 어울려
입 안에 넣었을 때부터 목으로 넘어갈 때까지 서로 다른 맛의 조화를 느낄 수 있습니다.
다 먹은 후에도 두 가지 맛의 여운이 계속 기억 속에 남는 제품입니다.

PREPARATION

A. 40×60㎝ 철팬에 유산지 깔아놓기
A. 코코아파우더 두 번 체 치기
B. 아몬드 프랄리네 20℃로 데우기
B, C. 젤라틴 찬물에 불린 다음 물기 제거하기
C. 밀크초콜릿 40℃로 데우기
E. 트레이 위에 OPP비닐 깔고 지름 6㎝ 세르클 올려놓기
E. 초콜릿 미루아르 43℃로 데우기

YIELD

지름 6㎝ 세르클 25개 분량

재료

A 초코프랄린시트

노른자	233g
설탕A	42g
흰자	300g
설탕B	233g
코코아파우더	83g

B 아몬드크림 무스

우유	101g
생크림A	34g
설탕A	5g
노른자	75g
설탕B	29g
젤라틴	9g
아몬드 프랄리네	101g
생크림B(휘핑한 것)	450g

C 밀크초콜릿 무스

노른자	81g
시럽	135g
젤라틴	7g
밀크초콜릿	225g
생크림(휘핑한 것)	456g

D 호두 크로캉

물	58g
설탕	125g
호두(다진 것)	250g
밀크초콜릿	125g

E 마무리

초콜릿 미루아르	적당량
아몬드(구운 것)	적당량
장식용 초콜릿	적당량
금박	적당량

A-4

A-6

E-1

E-2

A 초코프랄린시트

1 믹서볼에 노른자를 넣고 부드럽게 푼 다음 설탕A를 넣고 리본 상태(100%)가 될 때까지 휘핑한다.
2 다른 믹서볼에 흰자, 설탕B의 ⅓을 넣고 바닥에 액체가 보이지 않을 때(50%)까지 휘핑한다.
3 ②에 남은 설탕을 나누어 넣고 휘퍼를 들어 올렸을 때 뿔이 뾰족하게 솟은 상태(100%)가 될 때까지 휘핑한다.
4 ①에 ③의 머랭 ⅓을 넣고 가볍게 섞은 다음 체 친 코코아파우더를 넣고 가루 입자가 보이지 않을 때까지 섞는다.
5 ④에 남은 ③을 넣고 윤기가 날 때까지 섞은 다음 40×60㎝ 철팬 위에 800g을 올려 평평하게 편다.
6 윗불 180℃, 아랫불 155℃ 오븐에서 댐퍼를 열고 15분 동안 굽는다.
TIP 밀가루가 들어있지 않은 반죽은 제대로 굽지 않으면 오븐에서 꺼내는 순간 시트가 주저앉을 수 있다. 그렇기 때문에 수분이 살짝 날아가 시트의 표면이 약간 쭈글쭈글해지는 상태까지 굽는다.
7 세르클을 이용해 시트를 지름 4㎝, 5.5㎝로 각각 25개씩 찍어낸다.

B 아몬드크림 무스

1 냄비에 우유, 생크림A, 설탕A를 넣고 끓인다.
2 볼에 노른자, 설탕B를 넣고 아이보리색이 날 때까지 섞은 다음 ①을 3회에 나누어 넣고 섞는다.
3 중탕볼에 ②를 올리고 83℃까지 가열한 다음 찬물에 불려 물기를 제거한 젤라틴을 넣고 섞는다.
4 ③을 체에 거른 다음 20℃로 데운 아몬드 프랄리네를 넣고 섞는다.
5 ④에 생크림B를 3회에 나누어 넣고 생크림이 보이지 않을 때까지 섞는다.
TIP 생크림은 거품기를 들어 올렸을 때 천천히 흘러내리는 상태(75~80%)로 올린다.

E-2

E-3

E-4

E-5

C 밀크초콜릿 무스

1 볼에 노른자, 시럽을 넣고 섞은 다음 중탕볼에 올려 83℃까지 가열한다.
TIP 시럽은 물과 설탕을 1:1 비율로 끓여서 만든다.

2 ①에 찬물에 불려 물기를 제거한 젤라틴을 넣고 섞은 다음 체에 거른다.

3 40℃로 녹인 밀크초콜릿에 ②를 3회에 나누어 넣고 섞는다.

4 ③에 생크림을 3회에 나누어 넣고 생크림이 보이지 않을 때까지 섞는다.
TIP 생크림은 거품기를 들어 올렸을 때 천천히 흘러내리는 상태(75~80%)까지 휘핑한다.

D 호두 크로캉

1 냄비에 물, 설탕을 넣고 117℃까지 끓인 다음 5㎜로 다진 호두를 넣고 황갈색이 될 때까지 약불에서 캐러멜화한다.

2 템퍼링 한 밀크초콜릿에 20℃로 식힌 ①을 넣고 코팅한 다음 10분 동안 굳힌다.

E 마무리

1 지름 6㎝ 세르클에 C(밀크초콜릿 무스)를 ½ 정도 채운다.

2 ① 위에 지름 4㎝ 원형으로 자른 A(초코프랄린시트)를 올린 다음 D(호두 크로캉)를 올린다.

3 냉장고에서 30분 동안 굳힌 다음 B(아몬드크림 무스)를 틀 높이까지 채운다.

4 ③ 위에 지름 5.5㎝ 원형으로 자른 A(초코프랄린시트)를 올리고 냉장고에서 무스가 손에 묻어나지 않을 때까지 2시간 동안 굳힌다.

5 뒤집은 다음 틀을 제거한 ④ 위에 43℃로 데운 초콜릿 미루아르를 부어 얇게 씌운다.

6 ⑤ 위에 아몬드, 장식용 초콜릿, 금박을 올린다.

프로마주 블랑

오래 전에 너무 맛이 있어서 선배로부터 배운 제품입니다. 그 동안 조금씩 단맛도 줄여보고 배합률도 조정해 지금에 이르게 되었지요. 윗면의 산딸기 젤리는 단순히 장식만이 아니라 양념과 같은 역할을 해 한층 맛을 끌어 올려주는 일석이조의 효과를 냅니다.

PREPARATION

A. 물, 커피농축액 40~50℃로 함께 데우기
A. 박력분, 코코아파우더, 베이킹소다 함께 체 치기
A, B. 60×40㎝ 철판에 유산지 깔아놓기
B. 아몬드파우더, 슈거파우더, 박력분 냉동고에서 차갑게 한 다음 함께 체 치기
C, D. 젤라틴 찬물에 불린 다음 물기 제거하기
E. 설탕, 트레할로스 함께 섞어 놓기
F. 트레이 위에 OPP비닐을 깔고 36×56㎝ 사각틀을 올린 다음 냉장고에 넣기

YIELD

36×56㎝ 사각틀 1개 분량

재료

A 프로마주 블랑 시트

버터	150g
밀크초콜릿	75g
달걀	93g
소금	2.5g
설탕	213g
물	188g
커피농축액	3.8g
박력분	159g
코코아파우더	19g
베이킹소다	6g
럼	32g

B 다쿠아즈

흰자	383g
설탕	125g
아몬드파우더	317g
슈거파우더	367g
박력분	50g

C 프로마주 블랑

물	288g
설탕	600g
노른자	534g
젤라틴	56g
크림치즈	1,350g
생크림	1,875g
쿠앵트로	90g

D 딸기 젤리

산딸기 퓌레A	100g
딸기 시럽	60g
설탕	40g
젤라틴	6g
산딸기 퓌레B	90g

E 산딸기 잼

산딸기 퓌레	500g
설탕	100g
트레할로스	400g
펙틴	6g
레몬즙	20g

F 마무리

호두 크로캉	적당량
미루아르	적당량

A-3

A-3

C-2

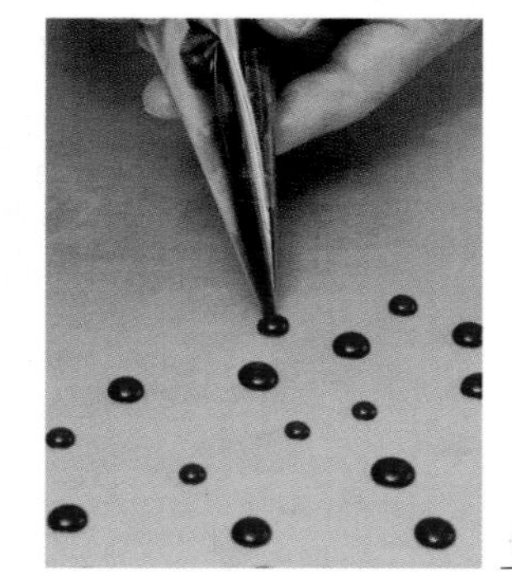
F-1

A 프로마주 블랑 시트

1 볼에 50℃로 녹인 버터, 40℃로 녹인 밀크초콜릿을 넣고 섞는다.
2 다른 볼에 달걀, 소금, 설탕을 넣고 섞은 다음 중탕볼에 올리고 32℃까지 가열한다.
3 ①에 ②를 3회에 나누어 넣고 섞은 다음 40~50℃로 함께 데운 물, 커피농축액을 넣고 섞는다.
4 ③에 함께 체 쳐놓은 박력분, 코코아파우더, 베이킹소다를 넣고 가루 입자가 보이지 않을 때까지 섞는다.
5 ④에 럼을 넣고 섞은 다음 60×40㎝ 철팬 위에 830g을 올려 평평하게 편다.
6 윗불 190℃, 아랫불 150℃ 오븐에서 13분 동안 굽는다.
7 오븐에서 꺼낸 틀을 10㎝ 높이에서 떨어뜨려 기공을 고르게 한 다음 시트를 틀에서 꺼낸다.

B 다쿠아즈

1 믹서볼에 1℃의 흰자, 설탕을 넣고 휘퍼를 들어 올렸을 때 뿔이 뾰족하게 솟은 상태(100%)가 될 때까지 휘핑한다.
2 ①에 냉동고에서 꺼내 함께 체 쳐놓은 아몬드파우더, 슈거파우더, 박력분을 넣고 가루 입자가 보이지 않을 때까지 섞는다.
3 60×40㎝ 철팬 위에 ②를 1,100g 올려 평평하게 편 다음 윗불 190℃, 아랫불 160℃ 오븐에서 16분 동안 굽는다.

C 프로마주 블랑

1 냄비에 물, 설탕을 넣고 117℃까지 끓인다.
2 믹서볼에 노른자를 넣고 뽀얗게 될 때까지 휘핑한 다음 ①을 조금씩 넣고 30℃가 될 때까지 중속으로 휘핑해 파트 아 봉브를 만든다.
3 볼에 ②의 ⅓, 찬물에 불려 물기를 제거한 다음 60℃로 녹인 젤라틴을 넣고 섞는다.
4 부드럽게 푼 크림치즈에 남은 ②를 2회에 나누어 넣고 섞은 다음 ③을 넣고 섞는다.
5 차가운 믹서볼에 5~6℃의 생크림, 쿠앵트로를 넣고 휘퍼를 들어 올렸을 때 천천히 흘러내리는 상태(75~80%)가 될 때까지 중속으로 휘핑한다.
6 ④에 ⑤를 3회에 나누어 넣고 생크림이 보이지 않을 때까지 섞는다.

D 딸기 젤리

1 냄비에 산딸기 퓌레A, 딸기 시럽, 설탕을 넣고 끓인다.
2 ①에 찬물에 불려 물기를 제거한 젤라틴을 넣고 섞은 다음 체에 거른다.
3 다른 냄비에 ②를 300g, 산딸기 퓌레B를 넣고 졸인다.
TIP 찬물에 젤리를 떨어뜨렸을 때 퍼지지 않을 정도까지 졸인다.

E 산딸기 잼

1 냄비에 산딸기 퓌레를 넣고 내용물이 타지 않도록 섞으면서 중불로 가열한다.
2 ①이 끓기 시작하면 함께 섞어 놓은 설탕, 트레할로스 ½을 넣고 섞는다.
3 ②가 다시 끓기 시작하면 남은 설탕과 트레할로스, 펙틴을 넣고 섞는다.
4 잼의 중앙 부분이 끓기 시작하면 3~5분 동안 더 가열한 다음 레몬즙을 넣고 섞는다.
5 ④를 불에서 내린 다음 찬물에 올려 식힌다.

F 마무리

1 짤주머니에 D(딸기 젤리)를 넣고 36×56㎝ 사각틀을 올린 OPP비닐 위에 물방울 무늬로 짠 다음 냉장고에서 2시간 동안 굳힌다.
2 ① 위에 C(프로마주 블랑)를 틀의 ½ 높이까지 채운 다음 호두 크로캉을 골고루 뿌린다.
3 ② 위에 36×56㎝로 자른 A(프로마주 블랑 시트)를 올린 다음 남은 C(프로마주 블랑)를 틀의 높이까지 채운다.
4 36×56㎝로 자른 B(다쿠아즈) 위에 E(산딸기 잼)를 얇게 바른 다음 다쿠아즈가 위를 향하도록 ③ 위에 올려서 냉동고에서 1시간 동안 굳힌다.
5 뒤집은 다음 틀을 제거한 ④ 위에 미루아르를 얇게 펴 바르고 6×6㎝로 자른다.

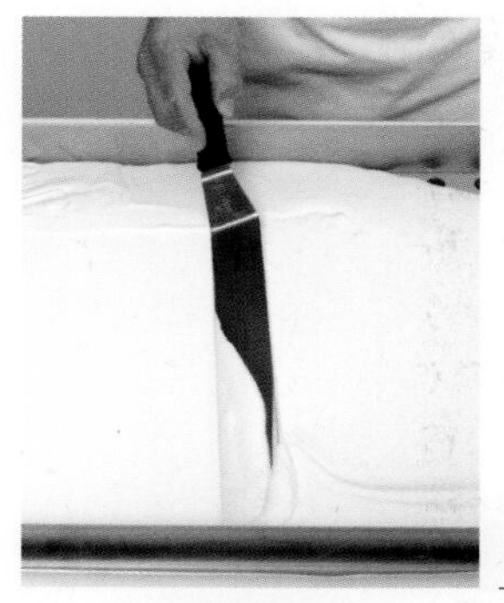

F-2

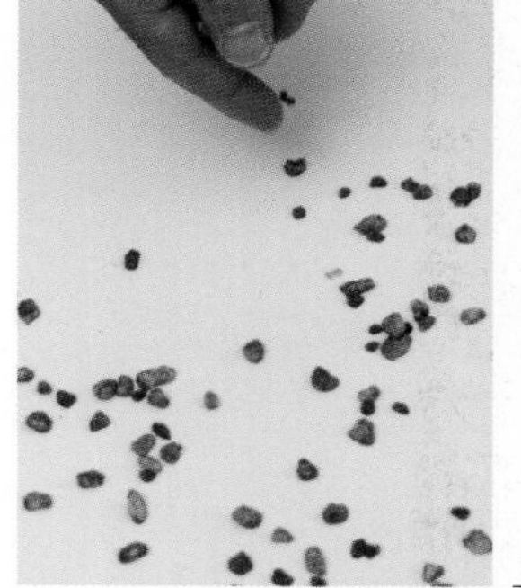
F-2

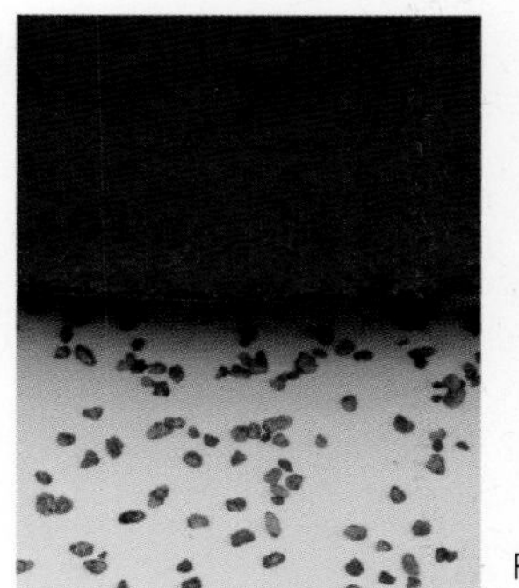
F-3

F-3

Chapter 03

마음을 녹이는 힐링 디저트

Dessert

순수 롤

케익부띠끄를 오픈하면서 가장 고민했던 부분이 핵심소재를 무엇으로 할 것인가,
'튀김 소보로'와 같이 고객들이 줄을 서서 살 수 있는 제품은 어떤 제품이어야 하는가 였습니다.
중요한 문제이니만큼 테스트도 수없이 했고 맛 평가도 많은 집단과 다양한 연령층에 시행했습니다.
순수 롤은 기본 생크림에 기본 스폰지만으로 맛있는 케이크를 만들어보고자 했던 의도 하에 탄생하게 되었고,
스폰지와 크림이 입 안에서 한데 어우러져 부드럽게 목구멍을 타고 넘어갈 수 있도록 신경썼습니다.

PREPARATION

A. 34×50㎝ 철팬에 유산지 깔아놓기
A. 물엿, 소금을 함께 60℃로 중탕하기
A. 박력분, 전분, 베이킹파우더 함께 체 치기
A. 버터 중탕하기(여름철 40~45℃, 겨울철 50~60℃)

YIELD

롤 1개 분량

재료

A 시트

달걀	280g
노른자	40g
설탕	160g
물엿	16g
소금	1.5g
박력분	76g
전분	20g
베이킹파우더	1.4g
버터	40g

B 마무리

생크림(41%)	1,000g
설탕	60g
데코스노우	적당량

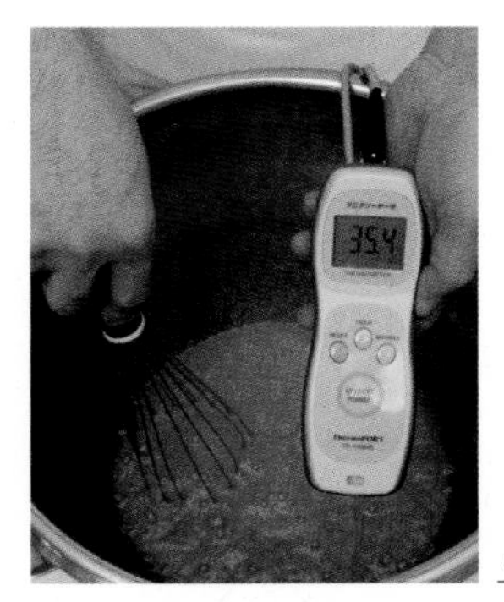

A-2

A-4

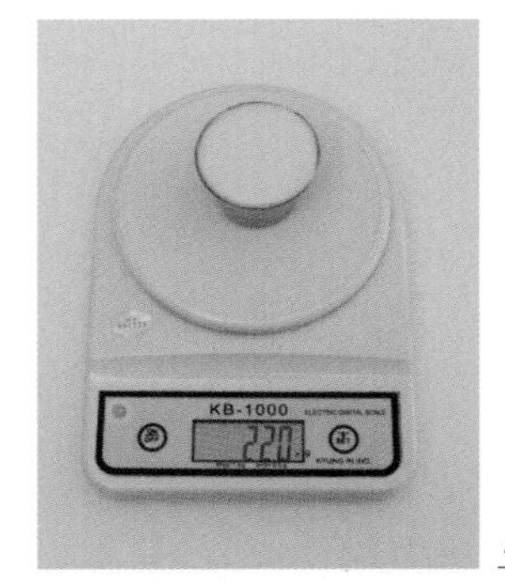

A-4

A 시트

1 믹서볼에 달걀, 노른자를 넣고 휘퍼로 가볍게 푼 다음 설탕을 넣는다.
2 중탕볼에 ①을 올리고 달걀이 익지 않도록 저으면서 반죽의 온도를 맞춘다(여름철 35~40℃, 겨울철 50~55℃).
3 ②를 스탠드믹서에 옮겨 반죽의 거품이 70~80% 정도로 올라올 때까지 고속으로 휘핑한다.

TIP 70~80%는 주걱으로 반죽을 들어올렸을 때 반죽이 1초 안에 빠르게 퍼지는 상태이다.

4 ③에 60℃로 함께 데운 물엿, 소금을 넣고 리본 상태(100%)가 될 때까지 믹싱한 다음 저속으로 낮춰 3분 동안 믹싱한다.

TIP 가루류를 넣기 전의 비중은 22%로 맞춘다. 또한 마지막에 저속으로 믹싱해야 반죽의 상태를 안정화시킬 수 있다.

5 ④에 함께 체 쳐놓은 박력분, 전분, 베이킹파우더를 넣고 섞는다.
6 녹인 버터에 ⑤를 약간 넣고 섞은 다음 남은 ⑤에 다시 넣고 최종 비중이 28%가 될 때까지 섞는다.

TIP 비중은 반죽의 부피를 재는 것으로 매번 일정한 반죽 상태를 유지하기 위한 기준이 된다. 100cc 컵에 완성된 반죽을 담고 무게를 재서 비중을 측정한다.

7 34×50㎝ 철팬 두 장을 겹친 다음 ⑤를 630g 올려 평평하게 편다.
TIP 시트의 밑면이 타지 않도록 철팬을 두 장 깐다.

8 윗불 170℃, 아랫불 170℃ 오븐에서 14분 동안 구운 다음 뎀퍼를 열고 3분 동안 더 굽는다.

9 오븐에서 꺼낸 철팬을 10㎝ 높이에서 떨어뜨려 기포를 고르게 한 다음 식힘망 위에서 식힌다.

B-3

B 마무리

1 차가운 믹서볼에 5~6℃의 생크림, 설탕을 넣고 휘퍼를 들어올렸을 때 생크림이 줄줄 흘러내리는 상태(70~75%)가 될 때까지 중속으로 휘핑한다.
TIP 고속으로 휘핑할 경우 시간은 단축되지만 거칠고 불안정한 크림이 될 수 있으므로 반드시 중속으로 휘핑한다.

2 A(시트)의 윗면 2/3 부분에 데코스노우를 골고루 뿌린 다음 뒤집는다.

3 ② 위에 ①의 생크림 550g을 올리고 스패튤러를 이용해 평평하게 편 다음 생크림이 밀리지 않도록 돌돌 만다.

4 냉장고에서 한 시간 동안 안정시킨 다음 230㎜로 잘라 윗면에 데코스노우를 한 번 더 뿌린다.

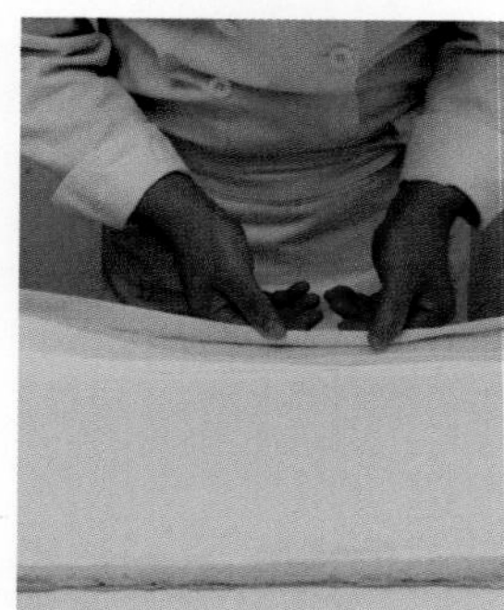
B-3

B-3

베리메니 타르트

타르트류 제품은 정착시키기가 쉽지 않았습니다. 타르트는 셸이 맛있어야 함은 물론이고
안에 들어가는 크림도 단조로워서는 안됩니다. 그래서 이 제품에는 세 종류의 크림을 사용했습니다.
타르트 셸에는 적당히 단단한 식감을 주기 위해 쇼트닝과 버터를 함께 사용하고, 카카오버터를 발라
눅눅해지지 않고 바삭함을 오래 유지하도록 했습니다. 크림을 채운 후에는 바로 급냉고에 넣어 굳혀야 합니다.
해동은 7~10℃ 냉장고에서 빠른 시간 안에 하는 것이 좋습니다.

PREPARATION

A. 지름 18㎝ 원형틀에 유산지 깔아놓기
A. 물, 물엿, 소금, 바닐라농축액 함께 중탕하기(60℃)
A. 박력분, 베이킹파우더 함께 체 치기
A. 버터, 우유 함께 중탕하기(여름철 40~45℃, 겨울철 50~60℃)
B. 박력분, 코코아파우더 함께 체 치기

YIELD

위 지름 22.5㎝×아래 지름 16㎝×높이 3㎝
원형 타르트 틀 1개 분량

재료

A 제누아즈

달걀	120g
노른자	11g
설탕	88g
물	16g
물엿	10g
소금	1g
바닐라농축액	0.3g
박력분	68g
베이킹파우더	1.3g
버터	24g
우유	12g

B 초코 타르트 반죽

버터	273g
쇼트닝	84g
슈거파우더	168g
박력분	504g
코코아파우더	27g
달걀	126g
소금	8.4g

C 커스터드크림

우유	206g
바닐라빈	⅓개
설탕	53g
노른자	53g
전분	8.6g
박력분	8.6g

D 크림치즈 무스

크림치즈	300g
설탕	96g
사워크림	58g
젤라틴	3.3g
생크림	167g
레몬즙	10g

E 기본 생크림

생크림(41%)	500g
설탕	30g

F 마무리

카카오버터	적당량
파예테 푀양틴	10g
딸기(반으로 자른 것)	200g
레드커런트	100g
나파주	56g

C-1

C-4

C-4

E-1

A 제누아즈

1 믹서볼에 달걀, 노른자를 넣고 휘퍼로 가볍게 푼 다음 설탕을 넣는다.
2 중탕볼에 ①을 올리고 달걀이 익지 않도록 저으면서 반죽의 온도를 맞춘다(여름철 35~40℃, 겨울철 50~55℃).
3 ②를 스탠드믹서에 옮겨 반죽의 거품이 70~80% 정도로 올라올 때까지 고속으로 휘핑한다.
4 ③에 60℃로 함께 중탕한 물, 물엿, 소금, 바닐라농축액을 넣고 리본 상태가 될 때까지 고속으로 믹싱한 다음 저속으로 낮춰 3분 동안 더 믹싱한다.
TIP 마지막에 저속으로 믹싱해야 반죽의 상태를 안정화시킬 수 있다.
5 ④에 함께 체 쳐놓은 박력분, 베이킹파우더를 넣고 섞는다.
6 함께 중탕한 버터, 우유에 ⑤의 일부를 넣고 섞는다.
7. 남은 ⑤에 ⑥을 넣고 최종 비중이 48%가 될 때까지 섞는다.
TIP 비중은 반죽의 부피를 재는 것으로 매번 일정한 반죽 상태를 유지하기 위한 기준이 된다. 100cc 컵에 완성된 반죽을 담고 무게를 재서 비중을 측정한다.
8 지름 18㎝ 원형틀에 ⑦을 320g 팬닝한다.
9 윗불 180℃, 아랫불 160℃ 오븐에서 15분 동안 구운 다음 뎀퍼를 열고 10분 동안 더 굽는다.
10 오븐에서 꺼낸 틀을 20㎝ 높이에서 떨어뜨려 기공을 고르게 한 다음 시트를 틀에서 꺼낸다.
11 식힘망 위에 ⑩을 올리고 25~30℃까지 식힌 다음 시트의 표면이 마르지 않도록 비닐에 담아서 밀봉한다.

B 초코 타르트 반죽

1 볼에 버터, 쇼트닝을 넣고 부드럽게 푼 다음 슈거파우더를 넣고 섞는다.
2 ①에 함께 체 쳐놓은 박력분, 코코아파우더를 넣고 가루 입자가 보이지 않을 때까지 섞는다.
3 다른 볼에 달걀, 소금을 넣고 소금이 녹을 때까지 섞은 다음 ②에 넣고 한 덩어리가 될 때까지 가볍게 섞는다.
TIP 이 타르트 반죽은 모든 재료가 섞일 정도로만 가볍게 섞는 것이 포인트이다. 가볍게 섞는 반죽일 경우 액체류에 소금을 녹여서 사용해야 반죽에 소금이 적절하게 분포된다.
4 비닐에 ③을 넣고 얇게 펴 밀봉한 다음 냉장고에서 하루 동안 휴지시킨다.
5 ④를 180g씩 분할하고 3㎜ 두께로 밀어 편 다음 원형 타르트 틀에 퐁사주 한다.
TIP 반죽은 최대한 공기가 들어가지 않도록 타르트 틀의 밑면과 옆면에 밀착시킨다. 틀보다 높이 올라온 반죽은 프티 나이프 등으로 제거한다.

F-3

F-5

F-5

F-6

6 냉장고에 ⑤를 넣고 1시간 동안 휴지시킨 다음 반죽 위에 유산지를 깔고 누름돌을 ⅔ 정도 채운다.

7 윗불 165℃, 아랫불 155℃ 오븐에서 약 17~20분 동안 윗면, 밑바닥까지 갈색이 나도록 굽는다.

TIP 누름돌과 유산지는 반죽 옆면의 수축 우려가 없을 때 제거한다. 누름돌을 빨리 빼면 반죽이 수축하며, 늦게 빼면 색이 고르게 나지 않는다.

TIP 코코아파우더가 들어간 타르트 반죽을 구울 때는 반죽의 색 변화만으로는 익었는지 확인하기 어렵기 때문에 고소한 냄새가 나는지 맡아보는 것도 좋은 방법이다.

C 커스터드크림

1 냄비에 우유, 바닐라빈 씨, 설탕 한 줌을 넣고 끓인다.

2 동냄비에 노른자, 남은 설탕, 전분, 박력분을 넣고 아이보리색이 날 때까지 섞는다.

3 ②에 ①을 2~3회에 나누어 넣고 섞는다.

4 불 위에 ③을 올린 다음 크림이 타지 않도록 고무주걱으로 저으면서 끓인다.

TIP 크림의 농도를 맞추기 위해 중앙 부분이 끓어오르면 약 2분 동안 더 끓인다. 시간은 크림의 양에 따라 달라질 수 있다.

5 소독한 볼에 ④를 옮겨 담은 다음 얼음물 또는 급속 냉각기에 넣고 냉장온도(5℃)까지 식힌다.

TIP 크림을 최대한 빠르게 식혀야 식감이 쫀득해지고 식중독균 번식을 예방할 수 있다.

D 크림치즈 무스

1 볼에 35~40℃의 크림치즈를 넣고 부드럽게 푼 다음 설탕을 넣고 설탕이 녹을 때까지 섞는다.

2 40℃로 데운 사워크림에 찬물에 불려 물기를 제거한 후 60℃로 녹인 젤라틴을 넣고 섞는다.

3 ①에 ②를 넣고 섞은 다음 크림이 굳기 직전까지 식힌다.

4 차가운 믹서볼에 5~6℃의 생크림, 레몬즙을 넣고 휘퍼를 들어 올렸을 때 줄줄 흘러내리는 상태(70~75%)가 될 때까지 중속으로 휘핑한다.

TIP 크림치즈에 레몬즙을 바로 넣고 섞으면 크림이 분리될 수 있기 때문에 생크림에 넣고 섞어 분리되는 것을 예방한다.

5 ③에 ④를 2~3회 나누어 넣고 생크림이 보이지 않을 때까지 섞는다.

F-6

F-6

E 기본 생크림

1 차가운 믹서볼에 5~6℃의 생크림, 설탕을 넣고 휘퍼를 들어 올렸을 때 생크림의 끝부분이 살짝 휘는 상태(80~90%)가 될 때까지 중속으로 휘핑한다.

TIP 고속으로 휘핑할 경우 시간은 단축되지만 거칠고 불안정한 크림이 될 수 있으므로 반드시 중속으로 휘핑한다. 불안정한 크림은 식감이 좋지 않고 표면이 빨리 마른다.

F 마무리

1 B(초코 타르트 반죽)의 안쪽에 녹인 카카오버터를 얇게 발라 코팅한다.
2 A(제누아즈)를 1㎝ 두께로 2장 자른다.
3 ① 위에 D(크림치즈 무스)를 살짝 바르고 ②를 한 장 올린다.
4 ③ 위에 남은 D(크림치즈 무스)를 타르트의 80% 높이까지 채운 다음 냉동고에서 1시간 동안 단단하게 굳힌다.
5 ④에 E(기본 생크림)를 올려 평평하게 편 다음 남은 ②에 시럽을 발라 위에 올린다.

TIP 시럽은 물과 설탕을 2:1 비율로 끓여서 만든다.

6 ⑤ 위에 C(커스터드크림)를 올려 돔 모양으로 펴 바른 다음 테두리 부분에 파예테 푀양틴을 약 3㎝ 넓이로 묻힌다.
7 ⑥ 위에 딸기, 레드커런트를 올린 다음 끓인 나파주를 바른다.

레몬 프로마주

무더운 여름에 한결 더 맛있게 먹을 수 있는 제품입니다. 타르트의 생명과도 같은 바삭함을 오래 유지시키기 위해 타르트 표면에 녹인 카카오버터를 발랐습니다. 새콤한 레몬크림과 달콤한 크림치즈가 서로의 부족함을 채워주며 좋은 맛을 내는 속정 깊은 타르트입니다.

PREPARATION

A. 슈거파우더, 소금 함께 체 치기
A. 아몬드파우더 체 치기
A. 박력분, 중력분 함께 체 치기
C. 설탕A, 트레할로스 함께 섞어 놓기
C. 설탕B, 흰자파우더 함께 섞어 놓기
D. 설탕, 트레할로스 함께 섞어 놓기

YIELD

10개 분량

재료

A 타르트 반죽

재료	분량
버터	108g
슈거파우더	82g
소금	1.7g
아몬드파우더	27g
달걀	43g
박력분	54g
중력분	54g

B 크림치즈 충전물

재료	분량
크림치즈(르갈)	150g
설탕	7.5g
커스터드크림	75g
생크림	75g

C 레몬 머랭

재료	분량
물	65g
설탕A	100g
트레할로스	100g
흰자	180g
설탕B	100g
흰자파우더	1g
레몬 제스트	2g

D 레몬 필링

재료	분량
달걀	48g
설탕	48g
트레할로스	4.6g
버터	56g
레몬즙	46g
레몬 제스트	0.8g

F 마무리

재료	분량
카카오버터	적당량

A-1

B-2

D-3

F-1

A 타르트 반죽

1 볼에 버터를 넣고 부드럽게 푼 다음 함께 체 쳐놓은 슈거파우더, 소금을 넣고 하얗게 될 때까지 섞는다.

2 ①에 체 쳐놓은 아몬드파우더를 넣고 가루 입자가 보이지 않을 때까지 섞는다.

3 ②에 달걀을 2~3회에 나누어 넣고 섞은 다음 함께 체 쳐놓은 박력분, 중력분을 넣고 한 덩어리가 될 때까지 섞는다.

TIP 레몬 프로마주의 타르트 반죽은 버터의 양이 많고 가루의 양이 적기 때문에 식감과 작업성을 고려하여 박력분과 중력분을 함께 사용한다.

4 비닐에 ③을 넣고 얇게 펴 밀봉한 다음 냉장고에서 1시간 이상 휴지시킨다.

5 ④를 35g씩 분할하고 2㎜ 두께로 밀어 편 다음 지름 9㎝ 타르트 틀에 퐁사주 한다.

TIP 반죽은 최대한 공기가 들어가지 않도록 타르트 틀의 밑면과 옆면에 밀착시킨다. 틀보다 높이 올라온 반죽은 프티 나이프 등으로 제거한다.

6 냉장고에 ⑤를 넣고 한 시간 동안 휴지시킨 다음 반죽 위에 유산지를 깔고 누름돌을 ⅔ 정도 채운다.

7 윗불 170℃, 아랫불 150℃ 오븐에서 약 15~17분 동안 윗면, 밑바닥까지 갈색이 나도록 굽는다.

TIP 누름돌과 유산지는 반죽 옆면의 수축 우려가 없을 때 제거한다. 누름돌을 빨리 빼면 반죽이 수축하며, 늦게 빼면 색이 고르게 나지 않는다.

B 크림치즈 충전물

1 볼에 크림치즈를 넣고 부드럽게 푼 다음 설탕을 넣고 설탕이 녹을 때까지 섞는다.

2 ①에 부드럽게 푼 커스터드크림을 넣고 섞은 다음 생크림을 넣고 가볍게 섞는다.

F-2

F-3

F-3

F-4

C 레몬 머랭

1 냄비에 물, 함께 섞어 놓은 설탕A, 트레할로스를 넣고 117℃까지 끓인다.
TIP 냄비의 가장자리에 닿는 시럽이 타지 않도록 물을 적신 붓을 이용해 냄비의 안쪽 부분을 닦으면서 작업한다.
2 믹서볼에 흰자를 넣고 부드럽게 푼 다음 함께 섞어 놓은 설탕B, 흰자 파우더를 넣고 바닥에 액체가 보이지 않을 때(50%)까지 휘핑한다.
3 ②에 ①을 조금씩 넣으면서 중고속으로 휘핑한 다음 시럽을 전부 넣었으면 중속으로 속도를 낮춰 레몬 제스트를 넣고 20~25℃가 될 때까지 휘핑한다.
TIP 무스케이크에 많이 사용하는 이탈리안 머랭은 휘핑 속도가 중요하다. 속도가 너무 느리면 뜨거운 시럽에 의해 흰자가 익을 수 있으며, 빠르면 머랭의 온도가 급격하게 떨어져 흰자의 살균력이 약해질 수 있다.

D 레몬 필링

1 부드럽게 푼 달걀에 함께 섞어 놓은 설탕, 트레할로스를 넣고 거품기를 이용해 섞는다.
2 ①에 녹인 버터, 레몬즙, 레몬 제스트를 넣고 섞는다.
3 중탕볼에 ②를 올린 다음 달걀이 익지 않도록 고무주걱을 이용해 저으면서 88℃까지 가열한다.
4 ③을 고운체에 거른 다음 찬물에 올려 20℃까지 식힌다.

F 마무리

1 A(타르트 반죽)의 안쪽에 녹인 카카오버터를 얇게 발라 코팅한다.
2 ① 위에 B(크림치즈 충전물)를 타르트의 90% 높이까지 채운 다음 냉장고에 넣고 충전물이 손에 묻어나지 않을 때까지 1시간 동안 굳힌다.
3 별깍지를 끼운 짤주머니에 C(레몬 머랭)를 넣고 ② 위에 로제트 모양으로 짜서 테두리를 두른 다음 토치를 이용해 색을 낸다.
4 ③의 중앙에 D(레몬 필링)를 짠다.

쇼콜라즈몽

초콜릿 타르트의 특징을 잘 살리기 위해 코코아 파우더를 사용했습니다. 초콜릿 타르트 하면 단단한 식감을 떠올리는 경우가 많지만 이 제품은 바삭하면서도 부드럽습니다. 먹었을 때 보기와 달라 깜짝 놀랄 만한 제품을 만들고 싶어 개발한 제품입니다.

PREPARATION

A. 박력분, 코코아파우더 함께 체 치기
B. 박력분, 코코아파우더, 베이킹파우더 함께 체 치기
C. 코코아파우더 체 치기
C. 다크초콜릿 50℃로 녹이기

YIELD

위 지름 7.5㎝×아래 지름 7㎝×높이 2㎝
원형 타르트 틀 10개 분량

재료

A 초코 타르트

재료	분량
버터	98g
쇼트닝	30g
슈거파우더	60g
박력분	180g
코코아파우더	10g
달걀	45g
소금	3g

B 충전물

재료	분량
마지팬	60g
노른자	68g
우유	64g
설탕	32g
꿀	44g
박력분	48g
코코아파우더	20g
베이킹파우더	2.4g
버터	56g

C 초코 소스

재료	분량
코코아파우더	51g
설탕	30.5g
물	57g
생크림	57g
다크초콜릿	14.5g

D 초코 생크림

재료	분량
생크림(41%)	200g
C(초코 소스)	70g

E 마무리

재료	분량
코코아파우더	적당량

A-5

A-6

A-8

B-1

A 초코 타르트

1 믹서볼에 버터, 쇼트닝을 넣고 비터를 이용해 부드럽게 푼 다음 슈거파우더를 넣고 믹싱한다.

2 ①에 함께 체 쳐놓은 박력분, 코코아파우더를 넣고 가루 입자가 보이지 않을 때까지 섞는다.

3 볼에 달걀, 소금을 넣고 소금이 녹을 때까지 섞은 다음 ②에 넣고 한 덩어리가 될 때까지 섞는다.

TIP 이 타르트 반죽은 모든 재료가 섞일 정도로만 가볍게 섞는 것이 포인트이다. 가볍게 섞는 반죽일 경우 액체류에 소금을 녹여서 사용해야 반죽에 소금이 적절하게 분포된다.

4 비닐에 ③을 넣고 얇게 펴 밀봉한 다음 냉장고에서 하루 동안 휴지시킨다.

5 ④를 20g씩 분할하고 2㎜ 두께로 밀어 편 다음 원형 타르트 틀에 퐁사주 한다.

TIP 반죽은 최대한 공기가 들어가지 않도록 타르트 틀의 밑면과 옆면에 밀착시킨다. 틀보다 높이 올라온 반죽은 프티 나이프 등으로 제거한다.

6 냉장고에 ⑤를 넣고 1시간 동안 휴지시킨 다음 반죽 위에 유산지를 깔고 누름돌을 ⅔ 정도 채운다.

7 170℃ 컨벡션 오븐에서 댐퍼를 열고 약 15분 동안 구운 다음 누름돌을 제거하고 3~4분 동안 더 굽는다.

TIP 누름돌과 유산지는 반죽 옆면의 수축 우려가 없을 때 제거한다. 누름돌을 빨리 빼면 반죽이 수축하며, 늦게 빼면 색이 고르게 나지 않는다.

TIP 코코아파우더가 들어간 타르트 반죽을 구울 때는 반죽의 색 변화만으로는 익었는지 확인하기 어렵기 때문에 고소한 냄새가 나는지 맡아보는 것도 좋은 방법이다.

8 실온에서 20℃까지 식힌 다음 정가운데에 산딸기 잼(분량 외) 2g을 짠다.

B-3

B-5

D-1

E-1

B 충전물

1 믹서볼에 마지팬을 넣고 비터를 이용해 부드럽게 푼 다음 노른자를 나누어 넣고 믹싱한다.
2 냄비에 우유, 설탕, 꿀을 넣고 60℃까지 데운 다음 ①에 나누어 넣고 섞는다.
3 ②에 함께 체 쳐놓은 박력분, 코코아파우더, 베이킹파우더를 넣고 가루 입자가 보이지 않을 때까지 섞는다.
4 ③에 부드럽게 푼 버터를 넣고 섞은 다음 냉장고에서 1시간 동안 안정시킨다.
5 ④를 타르트의 ⅔ 높이(약 30g)까지 채운 다음 윗불 180℃, 아랫불 170℃ 오븐에서 뎀퍼를 열고 18~20분 동안 더 굽는다.

C 초코 소스

1 볼에 체 친 코코아파우더와 설탕을 넣고 섞는다.
2 냄비에 물, 생크림을 넣고 끓인 다음 ①에 3회에 나누어 넣고 섞는다.
3 50℃로 녹인 다크초콜릿에 ②를 3회에 나누어 넣고 유화시킨 다음 20℃까지 식힌다.

D 초코 생크림

1 차가운 믹서볼에 5~6℃의 생크림, C(초코 소스)를 넣고 휘퍼를 들어 올렸을 때 생크림이 줄줄 흘러내리는 상태(70~75%)가 될 때까지 중속으로 휘핑한다.
TIP 초코 생크림은 초콜릿이 함유되어 있기 때문에 일반 생크림보다 약간 부드럽게 섞어야 한다.

E 마무리

1 타르트 위에 D(초코 생크림)를 30g 올린 다음 스푼을 이용해 골고루 편다.
2 ① 위에 코코아파우더를 살짝 뿌린다.

딸기밭 타르트

단단하지 않고 부드러워 누구나 쉽게 먹을 수 있는 타르트, 내용물보다 타르트 셸 자체가 맛있어 남기지 않고 다 먹을 수 있는 타르트를 만들고 싶었습니다. 이를 위해 모양보다 식감에 집중해 누름돌을 사용하지 않고 구웠습니다. 계절에 따라 제철 과일을 이용하여 다른 맛을 낼 수도 있습니다.

PREPARATION

A. 슈거파우더, 소금 함께 체 치기
A. 박력분 체 치기
B. 지름 18㎝ 세르클에 유산지 깔아 놓기
B. 물, 물엿, 소금, 바닐라농축액 함께 중탕하기(60℃)
B. 박력분, 베이킹파우더 함께 체 치기
B. 버터, 우유 함께 중탕하기(여름철 40~45℃, 겨울철 50~60℃)

YIELD

10개 분량

재료

A 타르트 반죽
(지름 6.5㎝ × 10개 분량)

재료	분량
버터	86g
슈거파우더	43g
소금	0.7g
박력분	143g
노른자	21g
물	8g

B 제누아즈
(지름 18㎝ × 1개 분량)

재료	분량
달걀	109g
노른자	9g
설탕	80g
물	15g
물엿	9g
소금	0.8g
바닐라농축액	0.4g
박력분	80g
베이킹파우더	0.9g
버터	22g
우유	11g

C 커스터드크림

재료	분량
우유	320g
바닐라빈	¼개
설탕	80g
노른자	80g
전분	13g
박력분	13g

D 생크림

재료	분량
생크림(41%)	300g
설탕	18g

E 마무리

재료	분량
카카오버터	0.5g
딸기	20~30개
애프리콧퐁당	적당량
물	적당량
아몬드슬라이스	적당량
피스타치오 커넬	3개

A-5

A-6

E-1

E-2

A 타르트 반죽

1 볼에 버터를 넣고 부드럽게 푼 다음 함께 체 쳐놓은 슈거파우더, 소금을 넣고 하얗게 될 때까지 섞는다.
2 ①에 체 친 박력분을 넣고 가루 입자가 보이지 않을 때까지 섞는다.
3 ②에 노른자, 물을 2~3회에 나누어 넣고 한 덩어리가 될 때까지 섞는다.
4 비닐에 ③을 넣고 밀봉한 다음 냉장고에서 하루 동안 휴지시킨다.
5 ④를 2.5㎜ 두께로 밀어 편 다음 피케하고 지름 10㎝ 원형 쿠키커터를 이용해 자른다.
6 지름 6.5㎝ 타르트 틀에 ⑤를 퐁사주 한다.
TIP 반죽은 최대한 공기가 들어가지 않도록 타르트 틀의 밑면과 옆면에 밀착시킨다. 틀보다 높이 올라온 반죽은 프티 나이프 등으로 제거한다.
7 베이킹용 타공팬 위에 ⑥을 올린 다음 냉장고에서 1시간 동안 휴지시킨다.
8 170℃ 오븐에서 약 15분 동안 굽는다.
TIP 타르트 반죽은 윗면뿐만 아니라 밑바닥까지 갈색이 나도록 굽는다.
TIP 딸기밭 타르트는 반죽 위에 누름돌을 올리지 않고 굽는 제품이다.

B 제누아즈

1 믹서볼에 달걀, 노른자를 넣고 휘퍼로 가볍게 푼 다음 설탕을 넣고 휘핑한다.
2 중탕볼에 ①을 올리고 달걀이 익지 않도록 저으면서 반죽의 온도를 맞춘다(여름철 35~40℃, 겨울철 50~55℃).
3 ②를 스탠드믹서에 옮겨 반죽의 거품이 70~80% 정도로 올라올 때까지 고속으로 휘핑한다.
4 ③에 60℃로 함께 중탕한 물, 물엿, 소금, 바닐라농축액을 넣고 리본 상태가 될 때까지 고속으로 믹싱한 다음 저속으로 낮춰 3분 동안 믹싱한다.
TIP 마지막에 저속으로 믹싱해야 반죽의 상태를 안정화시킬 수 있다.
5 ④에 함께 체 쳐놓은 박력분, 베이킹파우더를 넣고 섞는다.
6 함께 중탕한 버터, 우유에 ⑤의 일부를 넣고 섞는다.
7 남은 ⑤에 ⑥을 넣고 최종 비중이 48%가 될 때까지 섞는다.
TIP 비중은 반죽의 부피를 재는 것으로 매번 일정한 반죽 상태를 유지하기 위한 기준이 된다. 100cc 컵에 완성된 반죽을 담고 무게를 재서 비중을 측정한다.
8 지름 18㎝ 원형틀에 ⑦을 320g 팬닝한다.
9 윗불 180℃, 아랫불 160℃ 오븐에서 15분 동안 구운 다음 댐퍼를 열고 10분 동안 더 굽는다.
10 오븐에서 꺼낸 틀을 20㎝ 높이에서 떨어뜨려 기공을 고르게 한 다음 시트를 틀에서 꺼낸다.

E-3

E-4

E-5

E-8

11 식힘망 위에 ⑩을 올리고 25~30℃까지 식힌 다음 시트의 표면이 마르지 않도록 비닐에 담아서 밀봉한다.

C 커스터드크림

1 냄비에 우유, 바닐라빈 씨, 설탕 한 줌을 넣고 끓인다.
2 동냄비에 노른자, 남은 설탕, 전분, 박력분을 넣고 아이보리색이 날 때까지 섞는다.
3 ②에 ①을 2~3회에 나누어 넣고 섞는다.
4 불 위에 ③을 올린 다음 크림이 타지 않도록 고무주걱을 이용해 저으면서 끓인다.
TIP 크림의 농도를 맞추기 위해 중앙 부분이 끓어오르면 2분 동안 더 끓인다. 시간은 크림의 양에 따라 달라질 수 있다.
5 소독한 볼에 ④를 옮겨 담은 다음 얼음물 또는 급속 냉각기에 넣고 냉장온도(5℃)까지 식힌다.
TIP 크림을 최대한 빠르게 식혀야 식감이 쫀득해지고 식중독균 번식을 예방할 수 있다.

D 생크림

1 차가운 믹서볼에 5~6℃의 생크림, 설탕을 넣고 휘퍼를 들어 올렸을 때 생크림의 끝부분이 살짝 휘는 상태(80~90%)가 될 때까지 중속으로 휘핑한다.
TIP 고속으로 휘핑할 경우 시간은 단축되지만 거칠고 불안정한 크림이 될 수 있으므로 반드시 중속으로 휘핑한다.

E 마무리

1 A(타르트 반죽)의 안쪽에 녹인 카카오버터를 얇게 발라 코팅한다.
2 ① 위에 C(커스터드크림)를 얇게 펴 바른 다음 지름 5㎝, 높이 0.5㎝로 자른 B(제누아즈)를 올린다.
3 원형깍지에 D(생크림)를 담은 다음 ② 위에 지름 3㎝의 원뿔 모양으로 짠다.
4 다른 원형깍지에 남은 C(커스터드크림)를 담은 다음 ③의 옆면을 돔 모양으로 감싸며 짠다.
5 ④의 옆면에 반으로 자른 딸기를 5~6개씩 붙인다.
6 냄비에 애프리콧퐁당, 물을 넣고 끓인 다음 ⑤ 위에 바른다.
TIP 물은 애프리콧퐁당 대비 30~40%를 넣는다.
7 ⑥의 딸기 밑부분에 구운 아몬드슬라이스를 붙인다.
8 별깍지에 남은 D(생크림)를 담고 ⑥의 딸기 윗부분에 로제트 모양으로 짠 다음 피스타치오 커넬을 ¼씩 올린다.

순수 마들렌

오픈 2년 만에 겨우 출시된 제품으로 남녀노소 할 것 없이 누구나 좋아하는 제품입니다.
생크림이나 무스가 들어가는 경우 보존기간이 짧아, 최소 일주일 정도 두었다 먹어도 괜찮은 제품이
절실히 필요했습니다. 그러던 중에 우연히 일본 가나자와에 있는 '내추럴'이라는 과자매장을
방문하게 되었는데 그곳에서 힌트를 얻어 오너셰프인 다카야마 씨를 초빙하게 되었습니다.
이 제품은 그로부터 전수받은 결과물입니다.

PREPARATION

A. 박력분, 베이킹파우더 함께 체 치기
B. 달걀, 소금 중탕볼에 올려 함께 데우기(여름철 35℃, 겨울철 50℃)
C. 우유 중탕볼에 올려 45℃로 데우기
D. 액상마가린, 식용유, 함께 섞어 놓기

YIELD

위 둘레6㎝×아래 둘레 7㎝×높이2㎝ 마들렌 컵 32개 분량

재료

박력분	250g
베이킹파우더	3.7g
설탕	250g
트레할로스	50g
연유	5g
물엿	25g
유화제	7.8g
달걀	250g
소금	4g
우유	50g
액상마가린	250g
식용유	50g
당절임 콩	96g

1 믹서볼에 함께 체 쳐놓은 박력분과 베이킹파우더, 설탕, 트레할로스를 넣고 비터를 이용해 저속으로 믹싱한 다음 연유, 물엿, 유화제를 넣고 믹싱한다.

2 함께 데운 달걀과 소금에 45℃로 데운 우유를 넣고 섞는다.
TIP 달걀, 소금, 우유를 모두 섞었을 때 온도를 30℃로 맞춘다.

3 ①에 ② 1/3을 넣고 중속으로 속도를 높여 가루 입자가 보이지 않을 때까지 믹싱한다.

4 ③에 남은 ②를 나누어 넣고 설탕이 녹아 윤기가 날 때까지 섞는다.

5 ④에 함께 섞어 놓은 액상마가린, 식용유를 5회에 나누어 넣고 최종 비중이 82%가 될 때까지 섞는다.
TIP 비중은 반죽의 부피를 재는 것으로, 매번 일정한 반죽 상태를 유지하기 위한 기준이 된다. 100㏄ 컵에 완성된 반죽을 담고 무게를 재서 비중을 측정한다.

6 철팬 위에 마들렌 컵을 올리고 당절임 콩을 2개씩 넣은 다음 ⑤를 컵의 80% 정도로 채운다.

7 윗불 180℃, 아랫불 140℃ 오븐에서 15분 동안 댐퍼를 열고 구운 다음 윗불 210℃, 아랫불 140℃로 온도를 높여 7분 동안 더 굽는다.

8 오븐에서 꺼낸 철팬을 10㎝ 높이에서 떨어뜨려 기포를 고르게 한 다음 식힘망 위에서 식힌다.

1

3

5

5

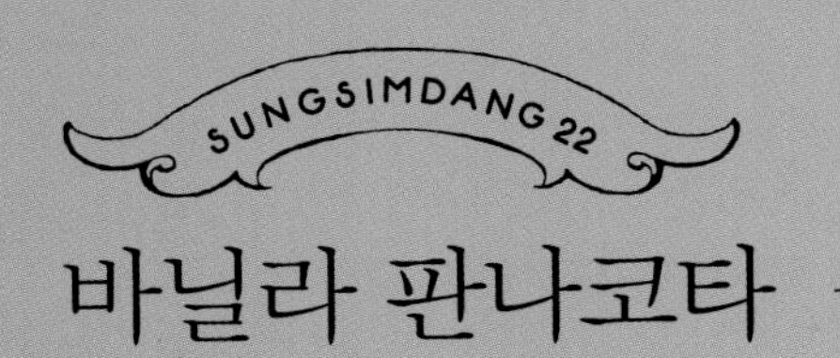

바닐라 판나코타

이탈리아에서는 국민 디저트라 해도 과언이 아닐 정도로 많이 알려진 디저트입니다.
다양한 식감과 맛의 응용이 가능하지요. 배합 자체는 단조롭지만 부드러운 식감과
바닐라의 깊은 맛을 느낄 수 있는 제품입니다.

PREPARATION
- 바닐라빈 반으로 갈라서 씨 긁어내기
- 젤라틴 찬물에 불린 다음 물기 제거하기

YIELD
100cc 디저트 컵 10개 분량

재료

생크림(38%)	1,000g
바닐라빈	½개
설탕	150g
전분	15g
젤라틴	11g

100℃ 오븐에 뜨거운 물로 세척한 푸딩 컵을 넣고 10분 동안 살균한 후 사용합니다.

1 냄비에 생크림, 바닐라빈 씨를 넣고 끓인다.
2 볼에 설탕, 전분을 넣고 섞은 다음 ①을 조금씩 넣고 덩어리가 생기지 않게 섞는다.
3 ②를 냄비로 다시 옮겨 85℃까지 가열한 다음 찬물에 불려 물기를 제거한 젤라틴을 넣고 섞는다.
4 ③을 체에 거른 다음 찬물에 올려 굳기 직전까지 식힌다.
5 디저트 컵에 ④를 채운 다음 냉장고에 넣고 크림이 손에 묻어나지 않을 때까지 2시간 동안 굳힌다.

순우유 바닐라 푸딩

순수한 우유 맛과 천연 바닐라 맛 그대로를 잘 살린 맛있는 푸딩을 만들고자 개발한 제품입니다.
캐러멜 맛이 너무 진하면 쓴맛이 나고 너무 연하면 단맛이 강해 본연의 맛을 해칠 수 있기 때문에
맛있는 캐러멜을 만들려면 성급함을 버리고 충분히 설탕을 녹여주는 것이 중요합니다.

PREPARATION

A. 물B 끓이기
B. 바닐라빈 반으로 갈라서 씨 긁어내기

YIELD

100cc 푸딩 컵 11개 분량

재료

A 캐러멜

물A	38g
설탕	125g
물B(끓인 것)	30g

B 우유 푸딩

우유	750g
설탕A	30g
바닐라빈	½개
달걀	90g
노른자	115g
설탕B	72g

100℃ 오븐에 뜨거운 물로 세척한 푸딩 컵을 넣고 10분 동안 살균한 후 사용합니다.

A 캐러멜

1 동냄비에 물A, 설탕을 넣고 캐러멜에 고소한 향이 나며 황갈색이 날 때까지 끓인다.
2 ①을 불에서 내린 다음 물B를 나누어 넣고 섞는다.
TIP 녹인 설탕에 끓인 액체류를 넣을 때는 화상에 주의한다.

B 우유 푸딩

1 냄비에 우유, 설탕A, 바닐라빈 씨와 깍지를 넣고 65℃까지 가열한다.
2 볼에 달걀, 노른자, 설탕B를 넣고 아이보리색이 될 때까지 섞는다.
3 ②에 ①을 2~3회 나누어 넣고 섞은 다음 체에 거른다.

C. 마무리

1 살균한 푸딩 컵에 A(캐러멜)를 3g 넣고 컵을 기울였을 때 캐러멜이 움직이지 않을 때까지 굳힌 다음 B(우유 푸딩)를 채운다.
2 중탕용 팬 위에 천을 깔고 ①을 올린다.
3 ②의 팬 위에 50~60℃의 물(분량 외)을 1㎝ 높이로 채운다.
4 윗불 160℃, 아랫불 150℃ 오븐에서 15분 동안 구운 다음 푸딩의 윗면에 막이 생기면 실리콘 베이킹 매트를 덮고 15분 동안 더 굽는다.
5 찬물(10~15℃)에 푸딩 컵을 담가 20℃까지 식힌다.

A-1

B-3

C-1

C-2

딸기우유 푸딩

하나의 용기 안에 두 가지 맛을 담아 질리지 않고 먹을 수 있는 제품입니다.
디저트의 맛은 먹을 수 있는 양에도 영향을 줍니다. 맛이 너무 강하면 여러 개를 먹을 수 없을 뿐 아니라
당분간은 아예 먹고 싶지 않아질 수도 있습니다.

PREPARATION
A, B. 젤라틴 찬물에 불린 다음 물기 제거하기

YIELD
100cc 푸딩 컵 11개 분량

재료

A 산딸기 푸딩

산딸기 퓌레	320g
설탕	96g
우유	256g
젤라틴	13g
레몬즙	24g

B 우유 푸딩

우유	846g
연유	127g
설탕	127g
젤라틴	15g
바닐라농축액	0.8g

100℃ 오븐에 뜨거운 물로 세척한 푸딩 컵을 넣고 10분 동안 살균한 후 사용합니다.

A 산딸기 푸딩

1 냄비에 산딸기 퓌레, 설탕을 넣고 끓인 다음 불에서 내린다.
2 다른 냄비에 우유를 끓인 다음 ①에 나누어 넣고 거품기로 섞는다.
3 ②에 찬물에 불려 물기를 제거한 젤라틴을 넣고 섞은 다음 레몬즙을 넣고 섞는다.
4 ③을 고운체에 거른 다음 찬물에 담가 푸딩이 굳기 직전(10~15℃)까지 식힌다.

B 우유 푸딩

1 냄비에 우유, 연유를 넣고 섞은 다음 그 위에 설탕을 골고루 뿌려 넣고 섞지 않은 채 바로 끓인다.
2 ①에 찬물에 불려 물기를 제거한 젤라틴, 바닐라농축액을 넣고 섞는다.
3 ②를 고운체에 거른 다음 찬물에 담가 푸딩이 굳기 직전(10~15℃)까지 식힌다.

C 마무리

1 살균한 푸딩 컵에 A(산딸기 푸딩)를 컵의 45% 높이까지 채운 다음 냉장고에서 푸딩이 손에 묻어나지 않을 때까지 2시간 동안 굳힌다.
2 ① 위에 B(우유 푸딩)를 컵의 90% 높이까지 채운 다음 냉장고에서 푸딩이 손에 묻어나지 않을 때까지 1시간 이상 굳힌다.

A-2

B-3

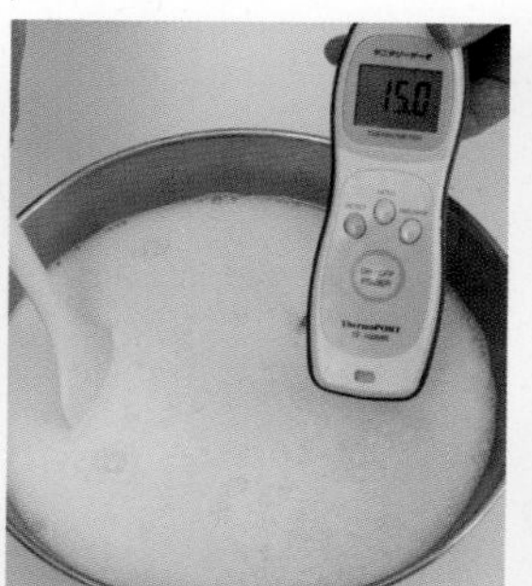

C-1

C-2

리얼초코 바닐라 푸딩

초콜릿과 바닐라는 맛이 정반대라고 생각할 수도 있겠지만 먹어보면 이보다 더 조화로울 수가 있을까 싶을 정도로 잘 어울리는 맛입니다. 자칫 잘못하면 무언가 부족하거나 과할 수 있는 게 초콜릿 디저트인데 이 푸딩은 덜하지도 더하지도 않고 딱 적당합니다.

PREPARATION

A. 다크초콜릿 중탕으로 50℃까지 녹이기
A, B. 젤라틴 찬물에 불린 다음 물기 제거하기

YIELD

85cc 푸딩 컵 20개 분량

재료

A 초코 푸딩

우유	525g
설탕	15g
다크초콜릿	225g
노른자	102g
슈거파우더	37g
젤라틴	6g

B 바닐라 푸딩

우유	600g
설탕A	26g
바닐라빈	½개
노른자	124g
설탕B	100g
젤라틴	6g

100℃ 오븐에 뜨거운 물로 세척한 푸딩 컵을 넣고 10분 동안 살균한 후 사용합니다.

A 초코 푸딩

1 냄비에 우유, 설탕을 넣고 83℃로 데운 다음 50℃로 녹인 다크초콜릿에 넣고 섞는다.
2 볼에 노른자, 슈거파우더를 넣고 아이보리색이 될 때까지 섞는다.
3 ①에 ②를 넣고 섞은 다음 중탕볼에 올려 83℃까지 가열한 후 찬물에 불려 물기를 제거한 젤라틴을 넣고 섞는다.
4 ③을 고운체에 거른 다음 찬물에 올려 푸딩이 굳기 직전(10~15℃)까지 식힌다.

B 바닐라 푸딩

1 냄비에 우유, 설탕A, 반으로 갈라 씨를 긁어낸 바닐라빈을 넣고 끓인다.
2 볼에 노른자, 설탕B를 넣고 아이보리색이 될 때까지 섞는다.
3 ②에 ①을 나누어 넣고 섞은 다음 중탕볼에 올려 83℃까지 가열한 후 찬물에 불려 물기를 제거한 젤라틴을 넣고 섞는다.
4 ③을 고운체에 거른 다음 찬물에 올려 푸딩이 굳기 직전(10~15℃)까지 식힌다.

C 마무리

1 살균한 푸딩 컵에 A(초코 푸딩)를 컵의 ½ 높이까지 채운 다음 냉장고에서 푸딩이 손에 묻어나지 않을 때까지 2시간 동안 굳힌다.
2 ① 위에 B(바닐라 푸딩)를 컵 끝까지 채운 다음 냉장고에서 푸딩이 손에 묻어나지 않을 때까지 2시간 동안 굳힌다.

A-1

A-3

B-4

C-2

누가 몽텔리마르

누가 몽텔리마르는 서양식 엿이라고도 할 수 있습니다. 달걀 흰자를 생으로 사용하지만 고온의 시럽에 충분히 살균되기 때문에 잘 밀봉하면 오랫동안 보관할 수 있습니다. 견과류가 많이 들어가 신선한 견과류를 사용하는 것이 맛을 좌우하는 포인트입니다.

PREPARATION

- 견과류 150~160℃ 오븐에서 각각 10~15분 동안 굽기
- 참깨 프라이팬에서 강불로 볶기
- 15×15×15㎝ 틀에 랩 감싸놓기

YIELD

15×15×15㎝ 틀 2개 분량

재료

물	330g
설탕	1,586g
물엿	682g
트레할로스	1,134g
꿀	1,134g
흰자	454g
아몬드(구운 것)	682g
헤이즐넛(구운 것)	227g
피스타치오(구운 것)	454g
캐슈넛(구운 것)	454g
참깨(볶은 것)	227g
전분	적당량

- 견과류는 바로 먹어도 맛있을 정도(100%)로 각각 굽는다. 빨리 굽기 위해 높은 온도에서 견과류를 굽게 되면 탄맛이 나거나 중앙 부분까지 충분히 구워지지 않는다.
- 참깨는 굽는 온도가 높아야 하기 때문에 직화로 볶는 것이 더 좋다.

1 냄비에 물, 설탕, 물엿, 트레할로스를 넣고 온도에 맞춰 가열한다(여름철 172℃, 겨울철 168℃).

2 다른 냄비에 꿀을 넣고 124℃까지 가열한다.

3 믹서볼에 흰자를 넣고 바닥에 액체가 보이지 않을 때(50%)까지 휘퍼를 이용해 휘핑한다.

4 ③에 ②를 넣으면서 중고속으로 휘핑한 다음 ①을 넣고 휘핑한다.
TIP 꿀과 시럽은 믹서볼에 조금씩 흘려 넣다가 점점 양을 늘린다.

5 시럽을 전부 넣었으면 스탠드믹서의 휘퍼를 비터로 갈아 끼운 다음 계속해서 믹싱한다.
TIP 머랭이 단단해지면서 휘퍼에 무리가 가기 때문에 비터를 사용한다.

6 믹서볼을 토치로 살짝 데워 머랭의 온도를 유지하며 믹싱한다.

7 따뜻한 오븐에 구운 견과류와 볶은 참깨를 넣고 70~80℃로 데운다.

8 ⑥에 ⑦을 넣고 저속으로 속도를 낮춘 다음 골고루 믹싱한다.

9 랩을 감싸 놓은 틀에 전분을 뿌리고 ⑧을 넣은 다음 평평하게 펴 실온에서 하루 동안 굳힌다.
TIP 평평하게 편 반죽 위에 틀과 같은 크기의 누름돌 등을 올려 반죽의 모양을 유지시킨다.

10 ⑨를 틀에서 제거한 다음 빵칼을 이용해 0.8×9㎝로 자른다.
TIP 누가는 습기를 잘 흡수하기 때문에 밀폐용기에 담아 보관한다.

4

8

9

10

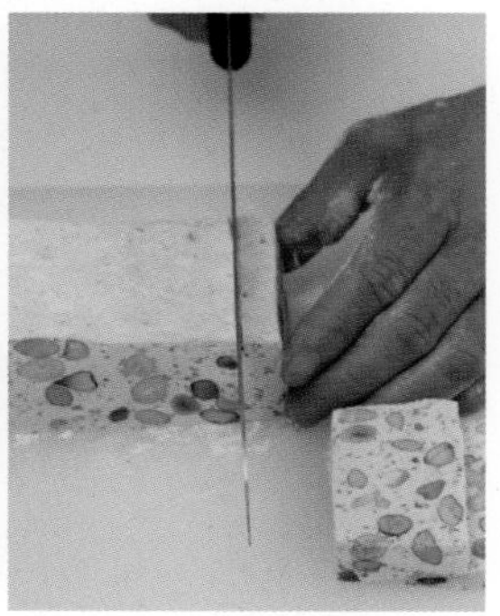

Pain de Paris

Chapter 04

어젯밤 꿈에 나타난 마카롱

Macaron

얼그레이 마카롱

홍차 잎을 이용하여 마카롱 셸과 가나슈를 만들 때는 쓴맛이 강하지 않고
떫은맛이 약한 홍차를 사용하는 것이 좋습니다. 비싼 홍차라고 다 좋은 것은 아니니
반드시 맛과 향을 테스트해 보고 사용량을 조절하세요.

PREPARATION
A. 아몬드파우더, 슈거파우더, 홍차 잎 로보쿡으로 곱게 갈아 놓기

YIELD
지름 4.5cm 마카롱 15개 분량

재료

A 마카롱 셸

아몬드파우더	75g
슈거파우더	75g
홍차 잎	2g
흰자A	28g
물	18g
설탕	67g
흰자B	28g

B 가나슈

물	19g
홍차 잎(간 것)	6g
생크림	64g
물엿	14g
밀크초콜릿	171g
그랑 마르니에	1.2g
버터	30g

A-1

A-5

B-1

A 마카롱 셸

1 곱게 갈아 놓은 아몬드파우더, 슈거파우더, 홍차 잎을 두 번 체 친 다음 흰자A를 넣고 섞는다.
2 냄비에 물, 설탕을 넣고 섞은 다음 중강불로 117℃까지 끓인다.
TIP 냄비의 가장자리에 닿는 시럽이 타지 않도록 물을 적신 붓을 이용해 냄비의 안쪽 부분을 닦으면서 작업한다.
3 믹서볼에 흰자B를 넣고 바닥에 액체가 보이지 않을 때(50%)까지 휘핑한 다음 ②를 천천히 넣으면서 중고속으로 휘핑한다.
4 시럽을 전부 넣었으면 중속으로 속도를 낮추고 25~30℃가 될 때까지 휘핑한다.
5 ①에 ④를 3회에 나누어 넣고 마카로나주 한 다음 원형깍지를 낀 짤주머니에 담는다.
TIP 반죽에 윤기가 나며, 고무주걱으로 들어 올렸을 때 반죽이 3초 이내로 떨어지는 상태가 되도록 마카로나주 한다.
6 실리콘 베이킹 매트를 깐 철팬 위에 ⑤를 지름 4.5㎝ 원형으로 짠 다음 반죽이 손에 묻어나지 않을 때까지 실온에서 건조시킨다.
TIP 마카롱 반죽을 건조시켜서 굽는 경우 표면은 매끄럽지만 셸 내부에 빈 공간이 생기기 쉽기 때문에 반죽을 짠 다음 바로 굽는 경우도 있다.
7 150℃ 컨벡션 오븐에 ⑥을 넣고 오븐 문을 닫자마자 온도를 132℃로 내린 다음 뎀퍼를 열고 12~14분 동안 굽는다.
8 상온의 다른 철팬 위로 ⑦을 옮기고, 셸을 20~25℃까지 식힌 다음 실리콘 베이킹 매트에서 떼어낸다.

B-5

B-5

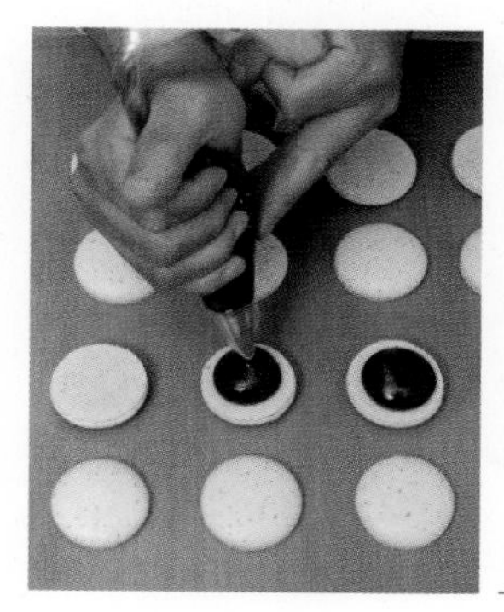

C-1

B 가나슈

1 볼에 끓인 물, 홍차 잎을 넣고 5분 동안 우린 다음 체에 거른다.
TIP 장시간 동안 홍차 잎을 우려낼 경우 홍차의 떫은맛이 배어날 수 있으므로 주의한다.
2 냄비에 ①, 생크림, 물엿을 넣고 끓인다.
3 35℃로 녹인 밀크초콜릿에 ②를 2~3회에 나누어 넣고 섞고 유화시킨다.
4 찬물에 ③을 올려 45℃까지 식힌 다음 그랑 마르니에를 넣고 섞는다.
5 ④를 25~30℃로 식힌 다음 부드럽게 푼 버터를 넣고 최대한 공기가 들어가지 않도록 핸드블렌더로 섞는다.

C 마무리

1 원형깍지를 낀 짤주머니에 B(가나슈)를 넣고 A(마카롱 셸) 위에 8g씩 짠 다음 샌드한다.
2 냉장고에 넣어 30분 동안 가나슈를 안정시킨다.

딸기 마카롱

많은 디저트에 사용되는 딸기는 어떻게 사용하느냐에 따라 다양한 맛의 표정을 지닙니다.
이 마카롱에는 신맛이 강하고 단단한 여름 딸기를 과육이 살아있는 잼으로 만들어 사용했습니다.
단맛이 지나치지 않도록 졸이지 않고 끓이기만 해 만든 것이 특징입니다.

PREPARATION

A. 아몬드파우더, 슈거파우더 로보쿡으로 곱게 갈아 놓기
B. 펙틴, 설탕A 함께 섞어 놓기
B. 물, 주석산 함께 섞어 놓기
C. 설탕, 트레할로스 함께 섞어 놓기

YIELD

지름 4.5㎝ 마카롱 15개 분량

재료

A 마카롱 셸

재료	분량
아몬드파우더	75g
슈거파우더	75g
빨간색 식용색소	1.2g
흰자A	28g
물	18g
설탕	67g
흰자B	28g

B 딸기 잼

재료	분량
산딸기 퓌레	67g
딸기 퓌레	45g
펙틴	4.5g
설탕A	18g
물엿	31g
설탕B	94g
딸기 리큐어	4.5g
레몬즙	15g
물	1.8g
주석산	1.8g

C 버터크림

재료	분량
물	20g
물엿	3.3g
설탕	33g
트레할로스	33g
흰자	9.2g
버터	90g
쇼트닝	10g
소금	0.5g

D 마무리

재료	분량
B(딸기 잼)	27g
C(버터크림)	96g

A-2

A-4

B-2

A 마카롱 셸

1 곱게 갈아 놓은 아몬드파우더, 슈거파우더에 빨간색 식용색소를 넣고 두 번 체 친 다음 흰자A를 넣고 섞는다.

2 냄비에 물, 설탕을 넣고 섞은 다음 중강불로 117℃까지 끓인다.

TIP 냄비의 가장자리에 닿는 시럽이 타지 않도록 물을 적신 붓을 이용해 냄비의 안쪽 부분을 닦으면서 작업한다.

3 믹서볼에 흰자B를 넣고 바닥에 액체가 보이지 않을 때(50%)까지 휘핑한 다음 ②를 천천히 넣으면서 중고속으로 휘핑한다.

4 시럽을 전부 넣었으면 중속으로 속도를 낮추고 25~30℃가 될 때까지 휘핑한다.

5 ①에 ④를 3회에 나누어 넣고 마카로나주 한 다음 원형깍지를 낀 짤주머니에 담는다.

TIP 반죽에 윤기가 나며, 고무주걱으로 들어 올렸을 때 반죽이 3초 이내로 떨어지는 상태가 되도록 마카로나주 한다.

6 실리콘 베이킹 매트를 깐 철팬 위에 ⑤를 지름 4.5㎝ 원형으로 짠 다음 반죽이 손에 묻어나지 않을 때까지 실온에서 건조시킨다.

TIP 마카롱 반죽을 건조시켜서 굽는 경우 표면은 매끄럽지만 셸 내부에 빈 공간이 생기기 쉽기 때문에 반죽을 짠 다음 바로 굽는 경우도 있다.

7 140℃ 컨벡션 오븐에 ⑥을 넣고 오븐 문을 닫자마자 온도를 130℃로 내린 다음 댐퍼를 열고 12~14분 동안 굽는다.

8 상온의 다른 철팬 위로 ⑦을 옮기고, 셸을 20~25℃까지 식힌 다음 실리콘 베이킹 매트에서 떼어낸다.

C-4

D-1

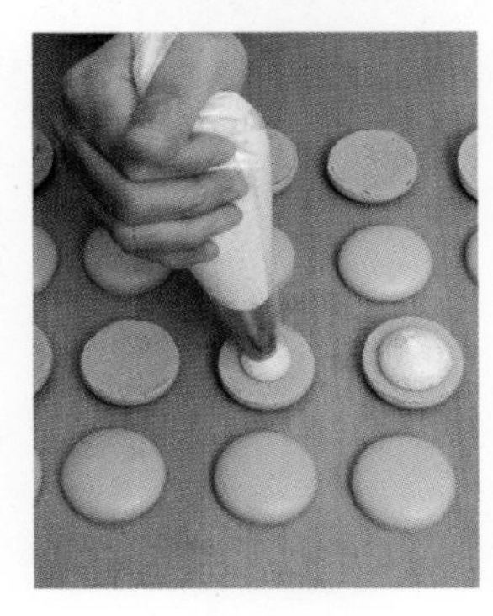
D-2

B 딸기 잼

1 냄비에 산딸기 퓌레, 딸기 퓌레를 넣고 가장자리가 끓기 시작할 때까지 가열한다.
2 ①에 함께 섞어 놓은 펙틴, 설탕A를 조금씩 뿌려 넣으면서 섞은 다음 중앙 부분이 끓으면 물엿, 설탕B를 넣고 섞는다.
3 ②에 딸기 리큐어, 레몬즙, 함께 섞어 놓은 물과 주석산을 넣고 섞은 다음 불에서 내려 식힌다.

C 버터크림

1 냄비에 물, 물엿, 함께 섞어 놓은 설탕과 트레할로스를 넣고 117℃까지 끓인다.
   TIP 냄비의 가장자리에 닿는 시럽이 타지 않도록 물을 적신 붓을 이용해 냄비의 안쪽 부분을 닦으면서 작업한다.
2 믹서볼에 흰자를 넣고 바닥에 액체가 보이지 않을 때(50%)까지 휘핑한 다음 ①을 천천히 넣으면서 중고속으로 휘핑한다.
3 시럽을 전부 넣었으면 중속으로 속도를 낮추고 25~30℃가 될 때까지 휘핑한다.
4 ③에 실온 상태의 버터와 쇼트닝, 소금을 넣은 다음 부드럽고 윤기가 날 때까지 섞는다.

D 마무리

1 볼에 B(딸기 잼), C(버터크림)를 넣고 공기가 들어가지 않도록 섞는다.
2 원형깍지를 낀 짤주머니에 ①을 넣고 A(마카롱 셸) 위에 8g씩 짠 다음 샌드한다.
3 냉장고에 넣어 30분 동안 크림을 안정시킨다.

피스타치오 마카롱

견과류 중에서 가장 비싼 피스타치오를 아몬드와 함께 크림에 사용하여 고소함과
깊은 맛을 한층 높인 제품입니다. 마카롱 셸 위에도 피스타치오 분태를 올려
피스타치오의 향긋한 향과 고소한 맛을 충분히 느낄 수 있도록 만들었습니다.

PREPARATION

A. 아몬드파우더, 슈거파우더 로보쿡으로 곱게 갈아 놓기
B. 설탕, 트레할로스 함께 섞어 놓기

YIELD

지름 4.5㎝ 마카롱 15개 분량

재료

A 마카롱 셸

아몬드파우더	75g
슈거파우더	75g
노란색 식용색소	0.4g
파란색 식용색소	1g
흰자A	28g
물	18g
설탕	67g
흰자B	28g
피스타치오 분태	10g

B 버터크림

물	20g
물엿	3.3g
설탕	33g
트레할로스	33g
흰자	9.2g
버터	90g
쇼트닝	10g
소금	0.5g

C 마무리

피스타치오 커넬(구운 것)	10g
아몬드(구운 것)	20g
B(버터크림)	107g

A-4

A-5

A-6

A 마카롱 셸

1 곱게 갈아 놓은 아몬드파우더, 슈거파우더에 노란색과 파란색 식용색소를 넣고 두 번 체 친 다음 흰자A를 넣고 섞는다.

2 냄비에 물, 설탕을 넣고 섞은 다음 중강불로 117℃까지 끓인다.

TIP 냄비의 가장자리에 닿는 시럽이 타지 않도록 물을 적신 붓을 이용해 냄비의 안쪽 부분을 닦으면서 작업한다.

3 믹서볼에 흰자B를 넣고 바닥에 액체가 보이지 않을 때(50%)까지 휘핑한 다음 ②를 천천히 넣으면서 중고속으로 휘핑한다.

4 시럽을 전부 넣었으면 중속으로 속도를 낮추고 25~30℃가 될 때까지 휘핑한다.

5 ①에 ④를 3회에 나누어 넣고 마카로나주 한 다음 원형깍지를 낀 짤주머니에 담는다.

TIP 반죽에 윤기가 나며, 고무주걱으로 들어 올렸을 때 반죽이 3초 이내로 떨어지는 상태가 되도록 마카로나주 한다.

6 실리콘 베이킹 매트를 깐 철팬 위에 ⑤를 지름 4.5㎝ 원형으로 짠 다음 피스타치오 분태를 올리고 반죽이 손에 묻어나지 않을 때까지 실온에서 건조시킨다.

TIP 마카롱 반죽을 건조시켜서 굽는 경우 표면은 매끄럽지만 셸 내부에 빈 공간이 생기기 쉽기 때문에 반죽을 짠 다음 바로 굽는 경우도 있다.

7 140℃ 컨벡션 오븐에 ⑥을 넣고 오븐 문을 닫자마자 온도를 130℃로 내린 다음 뎀퍼를 열고 12~14분 동안 굽는다.

8 상온의 다른 철팬 위로 ⑦을 옮기고, 셸을 20~25℃까지 식힌 다음 실리콘 베이킹 매트에서 떼어낸다.

B-1

B-4

C-2

B 버터크림

1 냄비에 물, 물엿, 함께 섞어 놓은 설탕과 트레할로스를 넣고 117℃까지 끓인다.

TIP 냄비의 가장자리에 닿는 시럽이 타지 않도록 물을 적신 붓을 이용해 냄비의 안쪽 부분을 닦으면서 작업한다.

2 믹서볼에 흰자를 넣고 바닥에 액체가 보이지 않을 때(50%)까지 휘핑한 다음 ①을 천천히 넣으면서 중고속으로 휘핑한다.

3 시럽을 전부 넣었으면 중속으로 속도를 낮추고 25~30℃가 될 때까지 휘핑한다.

4 ③에 실온 상태의 버터와 쇼트닝, 소금을 넣은 다음 부드럽고 윤기가 날 때까지 섞는다.

C 마무리

1 블렌더에 피스타치오 커넬, 아몬드를 넣고 페이스트가 될 때까지 간 다음 B(버터크림)를 넣고 공기가 들어가지 않도록 섞는다.

2 원형깍지를 낀 짤주머니에 ①을 넣고 A(마카롱 셸) 위에 8g씩 짠 다음 샌드한다.

3 냉장고에 넣어 30분 동안 크림을 안정시킨다.

바닐라 마카롱

이 책에 나오는 마카롱에는 흰자에 끓인 시럽을 넣어서 만드는 이탈리안 머랭을 사용합니다.
이탈리안 머랭을 이용한 마카롱은 식감이 가볍고, 말리지 않아도 윗면이 잘 갈라지지 않습니다.
또한 머랭이 안정적이기 때문에 항상 일정한 제품을 만들 수 있고 로스를 줄일 수 있는 점도 장점입니다.

PREPARATION

A. 아몬드파우더, 슈거파우더 로보쿡으로 곱게 갈아 놓기
B. 설탕, 트레할로스 함께 섞어 놓기

YIELD

지름 4.5㎝ 마카롱 15개 분량

재료

A 마카롱 셸

아몬드파우더	75g
슈거파우더	75g
바닐라빈	⅙개
흰자A	28g
물	18g
설탕	67g
흰자B	28g

B 버터크림

물	20g
물엿	3.3g
설탕	33g
트레할로스	33g
흰자	9.2g
버터	90g
쇼트닝	10g
소금	0.5g

C 마무리

B(버터크림)	120g
바닐라농축액	0.8g
바닐라빈	⅙개

A-1

A-5

A-8

A 마카롱 셸

1 곱게 갈아 놓은 아몬드파우더, 슈거파우더에 반으로 갈라 씨를 긁어 낸 바닐라빈을 넣고 두 번 체 친 다음 흰자A를 넣고 섞는다.

TIP 마카롱 셸에 바닐라 향을 짙게 내기 위해서는 좋은 바닐라를 선택해야 한다. 좋은 바닐라는 길이가 길고 약간 도톰하며 색이 진하고 촉촉하다.

2 냄비에 물, 설탕을 넣고 섞은 다음 중강불로 117℃까지 끓인다.

TIP 냄비의 가장자리에 닿는 시럽이 타지 않도록 물을 적신 붓을 이용해 냄비의 안쪽 부분을 닦으면서 작업한다.

3 믹서볼에 흰자B를 넣고 바닥에 액체가 보이지 않을 때(50%)까지 휘핑한 다음 ②를 천천히 넣으면서 중고속으로 휘핑한다.

4 시럽을 전부 넣었으면 중속으로 속도를 낮추고 25~30℃가 될 때까지 휘핑한다.

5 ①에 ④를 3회에 나누어 넣고 마카로나주 한 다음 원형깍지를 낀 짤주머니에 담는다.

TIP 반죽에 윤기가 나며, 고무주걱으로 들어 올렸을 때 반죽이 3초 이내로 떨어지는 상태가 되도록 마카로나주 한다.

6 실리콘 베이킹 매트를 깐 철팬 위에 ⑤를 지름 4.5㎝ 원형으로 짠 다음 반죽이 손에 묻어나지 않을 때까지 실온에서 건조시킨다.

TIP 마카롱 반죽을 건조시켜서 굽는 경우 표면은 매끄럽지만 셸 내부에 빈 공간이 생기기 쉽기 때문에 반죽을 짠 다음 바로 굽는 경우도 있다.

7 150℃ 컨벡션 오븐에 ⑥을 넣고 오븐 문을 닫자마자 온도를 132℃로 내린 다음 댐퍼를 열고 13~15분 동안 굽는다.

8 상온의 다른 철팬 위로 ⑦을 옮기고, 셸을 20~25℃까지 식힌 다음 실리콘 베이킹 매트에서 떼어낸다.

B-1

B-4

C-2

B 버터크림

1 냄비에 물, 물엿, 함께 섞어 놓은 설탕과 트레할로스를 넣고 117℃까지 끓인다.

TIP 냄비의 가장자리에 닿는 시럽이 타지 않도록 물을 적신 붓을 이용해 냄비의 안쪽 부분을 닦으면서 작업한다.

2 믹서볼에 흰자를 넣고 바닥에 액체가 보이지 않을 때(50%)까지 휘핑한 다음 ①을 천천히 넣으면서 중고속으로 휘핑한다.

3 시럽을 전부 넣었으면 중속으로 속도를 낮추고 25~30℃가 될 때까지 휘핑한다.

4 ③에 실온 상태의 버터와 쇼트닝, 소금을 넣은 다음 부드럽고 윤기가 날 때까지 섞는다.

C 마무리

1 B(버터크림)에 바닐라농축액, 바닐라빈 씨를 넣고 섞는다.

2 원형깍지를 낀 짤주머니에 ①을 넣고 A(마카롱 셀) 위에 8g씩 짠 다음 샌드한다.

3 냉장고에 넣어 30분 동안 크림을 안정시킨다.

블루베리 마카롱

부드러운 마카롱을 만들기 위해선 입자가 고운 아몬드분말을 사용해야 합니다.
일반적으로 외국에선 탕푸르탕(T.P.T)이라는, 아몬드분말과 분당을 1:1 비율로 섞어
곱게 갈아 놓은 것을 많이 사용하는데, 여기에선 아몬드분말과 분당을 속도가 빠른 로보쿡을 이용하여
단시간에 곱게 갈아 사용했습니다. 단 조심하지 않으면 아몬드분말에서 기름이 새어 나와
마카롱 반죽에 좋지 않은 영향을 줄 수 있으니 주의해야 합니다.

PREPARATION

A. 아몬드파우더, 슈거파우더 로보쿡으로 곱게 갈아 놓기
B. 펙틴, 설탕A 함께 섞어 놓기
B. 물, 주석산 함께 섞어 놓기
C. 설탕, 트레할로스 함께 섞어 놓기

YIELD

지름 4.5㎝ 마카롱 15개 분량

재료

A 마카롱 셸

아몬드파우더	75g
슈거파우더	75g
빨간색 식용색소	0.8g
파란색 식용색소	0.6g
흰자A	28g
물	18g
설탕	67g
흰자B	28g

B 블루베리 잼

블루베리 퓌레	20g
블랙베리	13g
펙틴	0.9g
설탕A	3.6g
물엿	3.6g
설탕B	32g
블루베리 리큐어	0.9g
레몬즙	3g
물	0.36g
주석산	0.36g

C 버터크림

물	20g
물엿	3.3g
설탕	33g
트레할로스	33g
흰자	9.2g
버터	90g
쇼트닝	10g
소금	0.5g

D 마무리

B(블루베리 잼)	36g
C(버터크림)	120g

A-2

A-3

A-5

A 마카롱 셸

1 곱게 갈아 놓은 아몬드파우더, 슈거파우더에 빨간색과 파란색 식용색소를 넣고 두 번 체 친 다음 흰자A를 넣고 섞는다.
2 냄비에 물, 설탕을 넣고 섞은 다음 중강불로 117℃까지 끓인다.
TIP 냄비의 가장자리에 닿는 시럽이 타지 않도록 물을 적신 붓을 이용해 냄비의 안쪽 부분을 닦으면서 작업한다.
3 믹서볼에 흰자B를 넣고 바닥에 액체가 보이지 않을 때(50%)까지 휘핑한 다음 ②를 천천히 넣으면서 중고속으로 휘핑한다.
4 시럽을 전부 넣었으면 중속으로 속도를 낮추고 25~30℃가 될 때까지 휘핑한다.
5 ①에 ④를 3회에 나누어 넣고 마카로나주 한 다음 원형깍지를 낀 짤주머니에 담는다.
TIP 반죽에 윤기가 나며, 고무주걱으로 들어 올렸을 때 반죽이 3초 이내로 떨어지는 상태가 되도록 마카로나주 한다.
6 실리콘 베이킹 매트를 깐 철팬 위에 ⑤를 지름 4.5㎝ 원형으로 짠 다음 반죽이 손에 묻어나지 않을 때까지 실온에서 건조시킨다.
TIP 마카롱 반죽을 건조시켜서 굽는 경우 표면은 매끄럽지만 셸 내부에 빈 공간이 생기기 쉽기 때문에 반죽을 짠 다음 바로 굽는 경우도 있다.
7 140℃ 컨벡션 오븐에 ⑥을 넣고 오븐 문을 닫자마자 온도를 135℃로 내린 다음 뎀퍼를 열고 12~14분 동안 굽는다.
8 상온의 다른 철팬 위로 ⑦을 옮기고, 셸을 20~25℃까지 식힌 다음 실리콘 베이킹 매트에서 떼어낸다.

C-3

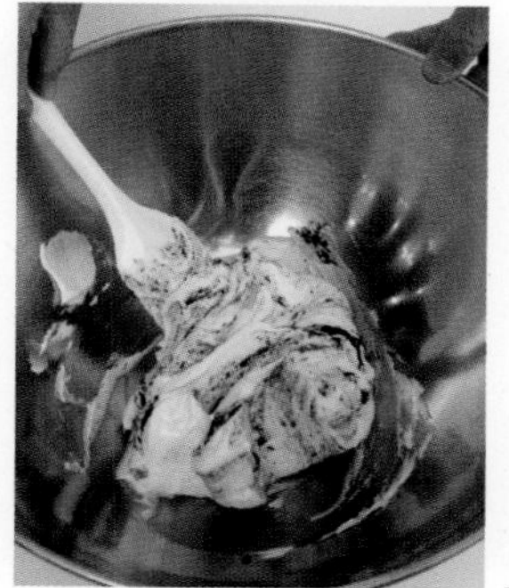
D-1

D-2

B 블루베리 잼

1 냄비에 블루베리 퓌레, 블랙베리를 넣고 가장자리가 끓기 시작할 때까지 가열한다.
2 ①에 함께 섞어 놓은 펙틴, 설탕A를 조금씩 뿌려 넣으면서 섞은 다음 중앙 부분이 끓으면 물엿, 설탕B를 넣고 섞는다.
3 ②에 블루베리 리큐어, 레몬즙, 함께 섞어 놓은 물과 주석산을 넣고 섞은 다음 불에서 내려 식힌다.

C 버터크림

1 냄비에 물, 물엿, 함께 섞어 놓은 설탕과 트레할로스를 넣고 117℃까지 끓인다.
   TIP 냄비의 가장자리에 닿는 시럽이 타지 않도록 물을 적신 붓을 이용해 냄비의 안쪽 부분을 닦으면서 작업한다.
2 믹서볼에 흰자를 넣고 바닥에 액체가 보이지 않을 때(50%)까지 휘핑한 다음 ①을 천천히 넣으면서 중고속으로 휘핑한다.
3 시럽을 전부 넣었으면 중속으로 속도를 낮추고 25~30℃가 될 때까지 휘핑한다.
4 ③에 실온 상태의 버터와 쇼트닝, 소금을 넣은 다음 부드럽고 윤기가 날 때까지 섞는다.

D 마무리

1 볼에 B(블루베리 잼), C(버터크림)를 넣고 공기가 들어가지 않도록 섞는다.
2 원형깍지를 낀 짤주머니에 ①을 넣고 A(마카롱 셸) 위에 8g씩 짠 다음 샌드한다.
3 냉장고에 넣어 30분 동안 크림을 안정시킨다.

민트 마카롱

마카롱의 색은 주로 천연색소를 사용하여 냅니다. 반죽이 질어도 안되고 너무 되도 안되기 때문에 과일즙이나 퓌레만으로는 원하는 색상을 내기 어렵기 때문입니다. 대신 크림에 과즙과 향을 충분히 사용하여 원하는 맛과 향을 냅니다.

PREPARATION

A. 아몬드파우더, 슈거파우더 로보쿡으로 곱게 갈아 놓기
B. 다크초콜릿 50℃로 녹이기

YIELD

지름 4.5㎝ 마카롱 15개 분량

재료

A 마카롱 셸

아몬드파우더	75g
슈거파우더	75g
민트색 식용색소	1.2g
흰자A	28g
물	18g
설탕	67g
흰자B	28g

B 가나슈

생크림	68g
트리몰린	14g
다크초콜릿	140g
민트 리큐어	34g

A-4

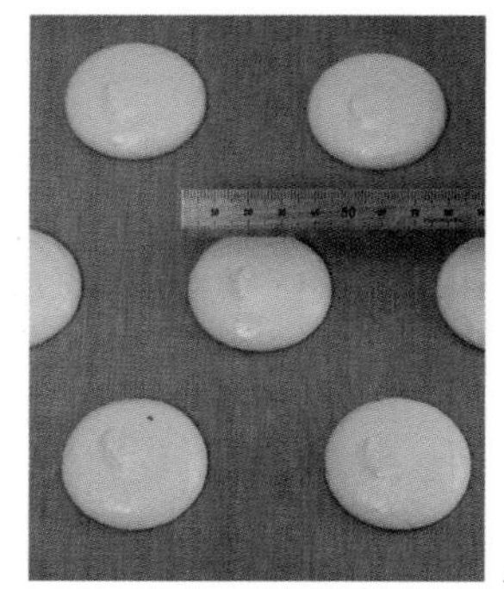

A-6

B-2

A 마카롱 셸

1 곱게 갈아 놓은 아몬드파우더, 슈거파우더에 민트색 식용색소를 넣고 두 번 체 친 다음 흰자A를 넣고 섞는다.

2 냄비에 물, 설탕을 넣고 섞은 다음 중강불로 117℃까지 끓인다.

TIP 냄비의 가장자리에 닿는 시럽이 타지 않도록 물을 적신 붓을 이용해 냄비의 안쪽 부분을 닦으면서 작업한다.

3 믹서볼에 흰자B를 넣고 바닥에 액체가 보이지 않을 때(50%)까지 휘핑한 다음 ②를 천천히 넣으면서 중고속으로 휘핑한다.

4 시럽을 전부 넣었으면 중속으로 속도를 낮추고 25~30℃가 될 때까지 휘핑한다.

5 ①에 ④를 3회에 나누어 넣고 마카로나주 한 다음 원형깍지를 낀 짤주머니에 담는다.

TIP 반죽에 윤기가 나며, 고무주걱으로 들어 올렸을 때 반죽이 3초 이내로 떨어지는 상태가 되도록 마카로나주 한다.

6 실리콘 베이킹 매트를 깐 철팬 위에 ⑤를 지름 4.5㎝ 원형으로 짠 다음 반죽이 손에 묻어나지 않을 때까지 실온에서 건조시킨다.

TIP 마카롱 반죽을 건조시켜서 굽는 경우 표면은 매끄럽지만 셸 내부에 빈 공간이 생기기 쉽기 때문에 반죽을 짠 다음 바로 굽는 경우도 있다.

7 140℃ 컨벡션 오븐에 ⑥을 넣고 오븐 문을 닫자마자 온도를 135℃로 내린 다음 뎀퍼를 열고 12~14분 동안 굽는다.

8 상온의 다른 철팬 위로 ⑦을 옮기고, 셸을 20~25℃까지 식힌 다음 실리콘 베이킹 매트에서 떼어낸다.

B-3

C-1

C-1

B 가나슈

1 냄비에 생크림, 트리몰린을 넣고 끓인다.
2 50℃로 녹인 다크초콜릿에 ①을 나누어 넣고 섞어 유화시킨 다음 찬물에 올려 35℃까지 식힌다.
3 ②에 민트 리큐어를 넣고 섞은 다음 찬물에 올려 25℃까지 식힌다.

C 마무리

1 원형깍지를 낀 짤주머니에 B(가나슈)를 넣고 A(마카롱 셸) 위에 8g씩 짠 다음 샌드한다.
2 냉장고에 넣어 30분 동안 가나슈를 안정시킨다.

자몽 마카롱

이 마카롱에는 샌드크림으로 자몽 잼과 버터크림을 사용했습니다. 버터크림은 여러 가지 방법으로 만들 수 있는데 여기에서는 가볍고 담백한 버터크림을 위해 이탈리안 머랭을 이용했습니다. 이탈리안 머랭을 사용할 땐 흰자를 살균하기 위해 시럽을 117℃까지 끓여 흰자에 서서히 넣습니다. 시럽을 너무 빨리 넣으면 거품이 꺼지고 달걀이 익어버리니 주의해야 합니다.

PREPARATION

A. 아몬드파우더, 슈거파우더 로보쿡으로 곱게 갈아 놓기
B. 펙틴, 설탕 함께 섞어 놓기
C. 설탕, 트레할로스 함께 섞어 놓기

YIELD

지름 4.5㎝ 마카롱 15개 분량

재료

A 마카롱 셸

아몬드파우더	75g
슈거파우더	75g
빨간색 식용색소	0.45g
노란색 식용색소	0.6g
흰자A	28g
물	18g
설탕	67g
흰자B	28g

B 자몽 잼

자몽농축액	18g
펙틴	0.6g
설탕	17g
물엿	3.5g
레몬즙	2g

C 버터크림

물	20g
물엿	3.3g
설탕	33g
트레할로스	33g
흰자	9.2g
버터	90g
쇼트닝	10g
소금	0.5g

D 마무리

B(자몽 잼)	36g
C(버터크림)	120g

A-1

A-5

A-7

A 마카롱 셸

1 곱게 갈아 놓은 아몬드파우더, 슈거파우더에 빨간색과 노란색 식용색소를 넣고 두 번 체 친 다음 흰자A를 넣고 섞는다.
2 냄비에 물, 설탕을 넣고 섞은 다음 중강불로 117℃까지 끓인다.
TIP 냄비의 가장자리에 닿는 시럽이 타지 않도록 물을 적신 붓을 이용해 냄비의 안쪽 부분을 닦으면서 작업한다.
3 믹서볼에 흰자B를 넣고 바닥에 액체가 보이지 않을 때(50%)까지 휘핑한 다음 ②를 천천히 넣으면서 중고속으로 휘핑한다.
4 시럽을 전부 넣었으면 중속으로 속도를 낮추고 25~30℃가 될 때까지 휘핑한다.
5 ①에 ④를 3회에 나누어 넣고 마카로나주 한 다음 원형깍지를 낀 짤주머니에 담는다.
TIP 반죽에 윤기가 나며, 고무주걱으로 들어 올렸을 때 반죽이 3초 이내로 떨어지는 상태가 되도록 마카로나주 한다.
6 실리콘 베이킹 매트를 깐 철팬 위에 ⑤를 지름 4.5㎝ 원형으로 짠 다음 반죽이 손에 묻어나지 않을 때까지 실온에서 건조시킨다.
TIP 마카롱 반죽을 건조시켜서 굽는 경우 표면은 매끄럽지만 셸 내부에 빈 공간이 생기기 쉽기 때문에 반죽을 짠 다음 바로 굽는 경우도 있다.
7 140℃ 컨벡션 오븐에 ⑥을 넣고 오븐 문을 닫자마자 온도를 135℃로 내린 다음 댐퍼를 열고 12~14분 동안 굽는다.
8 상온의 다른 철팬 위로 ⑦을 옮기고, 셸을 20~25℃까지 식힌 다음 실리콘 베이킹 매트에서 떼어낸다.

B-1

B-3

D-2

B 자몽 잼

1 냄비에 자몽농축액를 넣고 가장자리가 끓기 시작할 때까지 가열한다.
2 ①에 함께 섞어 놓은 펙틴, 설탕을 조금씩 뿌려 넣으면서 섞은 다음 중앙 부분이 끓으면 물엿을 넣고 섞는다.
3 ②에 레몬즙을 넣고 섞은 다음 불에서 내려 식힌다.

C 버터크림

1 냄비에 물, 물엿, 함께 섞어 놓은 설탕과 트레할로스를 넣고 117℃까지 끓인다.
TIP 냄비의 가장자리에 닿는 시럽이 타지 않도록 물을 적신 붓을 이용해 냄비의 안쪽 부분을 닦으면서 작업한다.
2 믹서볼에 흰자를 넣고 바닥에 액체가 보이지 않을 때(50%)까지 휘핑한 다음 ①을 천천히 넣으면서 중고속으로 휘핑한다.
3 시럽을 전부 넣었으면 중속으로 속도를 낮추고 25~30℃가 될 때까지 휘핑한다.
4 ③에 실온 상태의 버터와 쇼트닝, 소금을 넣은 다음 부드럽고 윤기가 날 때까지 섞는다.

D 마무리

1 볼에 B(자몽 잼), C(버터크림)를 넣고 공기가 들어가지 않도록 섞는다.
2 원형깍지를 낀 짤주머니에 ①을 넣고 A(마카롱 셸) 위에 8g씩 짠 다음 샌드한다.
3 냉장고에 넣어 30분 동안 크림을 안정시킨다.

헤이즐넛 마카롱

헤이즐넛 마카롱 셸에는 헤이즐넛과 잘 어울리는 커피 맛을 냈습니다. 헤이즐넛은 맛이 독특해 자칫 잘못하면 다른 맛이 묻힐 수 있기 때문에 너무 많이 사용하지 않도록 주의해야 합니다. 또한 헤이즐넛은 껍질이 얇기 때문에 껍질을 벗길 때에는 구워서 벗겨 내는 것이 좋습니다.

PREPARATION

A. 아몬드파우더, 슈거파우더 로보쿡으로 곱게 갈아 놓기
C. 설탕, 트레할로스 함께 섞어 놓기

YIELD

지름 4.5㎝ 마카롱 15개 분량

재료

A 마카롱 셸

아몬드파우더	75g
슈거파우더	75g
커피파우더	4g
흰자A	28g
물	18g
설탕	67g
흰자B	28g

B 헤이즐넛 전처리

물	7g
설탕	20g
헤이즐넛(구운 것)	50g

C 버터크림

물	20g
물엿	3.3g
설탕	33g
트레할로스	33g
흰자	9.2g
버터	90g
쇼트닝	10g
소금	0.5g

D 마무리

B(헤이즐넛 전처리)	전량(全量)
C(버터크림)	100g

A-1

A-5

B-1

A 마카롱 셸

1 곱게 갈아 놓은 아몬드파우더, 슈거파우더에 커피파우더를 넣고 두 번 체 친 다음 흰자A를 넣고 섞는다.
2 냄비에 물, 설탕을 넣고 섞은 다음 중강불로 117℃까지 끓인다.
TIP 냄비의 가장자리에 닿는 시럽이 타지 않도록 물을 적신 붓을 이용해 냄비의 안쪽 부분을 닦으면서 작업한다.
3 믹서볼에 흰자B를 넣고 바닥에 액체가 보이지 않을 때(50%)까지 휘핑한 다음 ②를 천천히 넣으면서 중고속으로 휘핑한다.
4 시럽을 전부 넣었으면 속도를 중속으로 낮추고 25~30℃가 될 때까지 휘핑한다.
5 ①에 ④를 3회에 나누어 넣고 마카로나주 한 다음 원형깍지를 낀 짤주머니에 담는다.
TIP 반죽에 윤기가 나며, 고무주걱으로 들어 올렸을 때 반죽이 3초 이내로 떨어지는 상태가 되도록 마카로나주 한다.
6 실리콘 베이킹 매트를 깐 철팬 위에 ⑤를 지름 4.5㎝ 원형으로 짠 다음 반죽이 손에 묻어나지 않을 때까지 실온에서 건조시킨다.
TIP 마카롱 반죽을 건조시켜서 굽는 경우 표면은 매끄럽지만 셸 내부에 빈 공간이 생기기 쉽기 때문에 반죽을 짠 다음 바로 굽는 경우도 있다.
7 150℃ 컨벡션 오븐에 ⑥을 넣고 오븐 문을 닫자마자 온도를 132℃로 내린 다음 댐퍼를 열고 12~14분 동안 굽는다.
8 상온의 다른 철팬 위로 ⑦을 옮기고, 셸을 20~25℃까지 식힌 다음 실리콘 베이킹 매트에서 떼어낸다.

B-3

C-3

D-2

B 헤이즐넛 전처리

1 냄비에 물, 설탕을 넣고 104℃까지 끓인 다음 헤이즐넛을 넣고 수분이 증발해 설탕이 하얗게 재결정할 때까지 저으면서 가열한다.
2 실리콘 베이킹 매트 위에 ①을 올려 식힌 다음 체에 걸러 가루를 제거한다.
3 ②를 다시 냄비에 옮겨 밝은 황갈색이 날 때까지 저으면서 가열한 다음 실리콘 베이킹 매트 위에 옮겨서 식힌다.
TIP 캐러멜화할 때는 적당한 색을 내는 것이 중요하다. 색이 너무 연하면 단맛이 강하고, 색이 너무 진하면 쓴맛이 강하므로 용도에 따라 알맞은 색으로 캐러멜화하는 것이 좋다.
4 푸드프로세서에 ③을 넣고 고운 가루가 될 때까지 간다.

C 버터크림

1 냄비에 물, 물엿, 함께 섞어 놓은 설탕과 트레할로스를 넣고 117℃까지 끓인다.
TIP 냄비의 가장자리에 닿는 시럽이 타지 않도록 물을 적신 붓을 이용해 냄비의 안쪽 부분을 닦으면서 작업한다.
2 믹서볼에 흰자를 넣고 바닥에 액체가 보이지 않을 때(50%)까지 휘핑한 다음 ①을 천천히 넣으면서 중고속으로 휘핑한다.
3 시럽을 전부 넣었으면 중속으로 속도를 낮추고 25~30℃가 될 때까지 휘핑한다.
4 ③에 실온 상태의 버터와 쇼트닝, 소금을 넣은 다음 부드럽고 윤기가 날 때까지 섞는다.

D 마무리

1 볼에 B(헤이즐넛 전처리), C(버터크림)를 넣고 공기가 들어가지 않도록 섞는다.
2 원형깍지를 낀 짤주머니에 ①을 넣고 A(마카롱 셸) 위에 8g씩 짠 다음 샌드한다.
3 냉장고에 넣어 30분 동안 크림을 안정시킨다.

초코 마카롱

이 마카롱에는 다크초콜릿으로 만든 가나슈를 사용했습니다.
가나슈는 간단해 보이지만 배합 비율과 초콜릿 종류에 따라 만드는 방법을 달리 해야 합니다.
좋은 가나슈를 만들려면 녹인 초콜릿의 온도와 끓인 생크림의 온도,
두 재료의 비율을 잘 맞춰 유화시키는 것이 굉장히 중요합니다.

PREPARATION

A. 아몬드파우더, 슈거파우더 로보쿡으로 곱게 갈아 놓기
B. 다크초콜릿 50℃로 녹이기
C. 설탕, 트레할로스 함께 섞어 놓기

YIELD

지름 4.5㎝ 마카롱 15개 분량

재료

A 마카롱 셸

아몬드파우더	70g
슈거파우더	70g
코코아파우더	10
흰자A	28g
물	18g
설탕	67g
흰자B	30g

B 가나슈

생크림	94g
트리몰린	17g
다크초콜릿	143g
버터	26g

C 버터크림

물	20g
물엿	3.3g
설탕	33g
트레할로스	33g
흰자	9.2g
버터	90g
쇼트닝	10g
소금	0.5g

D 마무리

B(가나슈)	44g
C(버터크림)	88g

A-1

A-5

B-1

A 마카롱 셸

1 곱게 갈아 놓은 아몬드파우더, 슈거파우더에 코코아파우더를 넣고 두 번 체 친 다음 흰자A를 넣고 섞는다.
2 냄비에 물, 설탕을 넣고 섞은 다음 중강불로 117℃까지 끓인다.
TIP 냄비의 가장자리에 닿는 시럽이 타지 않도록 물을 적신 붓을 이용해 냄비의 안쪽 부분을 닦으면서 작업한다.
3 믹서볼에 흰자B를 넣고 바닥에 액체가 보이지 않을 때(50%)까지 휘핑한 다음 ②를 천천히 넣으면서 중고속으로 휘핑한다.
4 시럽을 전부 넣었으면 속도를 중속으로 낮추고 25~30℃가 될 때까지 휘핑한다.
5 ①에 ④를 3회에 나누어 넣고 마카로나주 한 다음 원형깍지를 낀 짤주머니에 담는다.
TIP 반죽에 윤기가 나며, 고무주걱으로 들어 올렸을 때 반죽이 3초 이내로 떨어지는 상태가 되도록 마카로나주 한다.
6 실리콘 베이킹 매트를 깐 철팬 위에 ⑤를 지름 4.5㎝ 원형으로 짠 다음 반죽이 손에 묻어나지 않을 때까지 실온에서 건조시킨다.
TIP 마카롱 반죽을 건조시켜서 굽는 경우 표면은 매끄럽지만 셸 내부에 빈 공간이 생기기 쉽기 때문에 반죽을 짠 다음 바로 굽는 경우도 있다.
7 150℃ 컨벡션 오븐에 ⑥을 넣고 오븐 문을 닫자마자 온도를 132℃로 내린 다음 댐퍼를 열고 13~15분 동안 굽는다.
8 상온의 다른 철팬 위로 ⑦을 옮기고, 셸을 20~25℃까지 식힌 다음 실리콘 베이킹 매트에서 떼어낸다.

C-4

D-1

D-2

B 가나슈

1 냄비에 생크림, 트리몰린을 넣고 끓인다.
2 50℃로 녹인 다크초콜릿에 ①을 나누어 넣고 섞어 유화시킨 다음 찬물에 올려 30℃까지 식힌다.
3 ②에 부드럽게 푼 버터를 넣고 최대한 공기가 들어가지 않도록 핸드블렌더로 섞어 유화시킨다.

C 버터크림

1 냄비에 물, 물엿, 함께 섞어 놓은 설탕과 트레할로스를 넣고 117℃까지 끓인다.
   TIP 냄비의 가장자리에 닿는 시럽이 타지 않도록 물을 적신 붓을 이용해 냄비의 안쪽 부분을 닦으면서 작업한다.
2 믹서볼에 흰자를 넣고 바닥에 액체가 보이지 않을 때(50%)까지 휘핑한 다음 ①을 천천히 넣으면서 중고속으로 휘핑한다.
3 시럽을 전부 넣었으면 중속으로 속도를 낮추고 25~30℃가 될 때까지 휘핑한다.
4 ③에 실온 상태의 버터와 쇼트닝, 소금을 넣은 다음 부드럽고 윤기가 날 때까지 섞는다.

D 마무리

1 볼에 B(가나슈), C(버터크림)를 넣고 공기가 들어가지 않도록 섞는다.
2 원형깍지를 낀 짤주머니에 ①을 넣고 A(마카롱 셸) 위에 8g씩 짠 다음 샌드한다.
3 냉장고에 넣어 30분 동안 크림을 안정시킨다.

聖心堂

Chapter 05

아이가 좋아하는 오후 4시의 간식

Cookie

피스타치오 쿠키

사랑해 쿠키

산딸기잼 쿠키

생크림셸 쿠키

쇼콜라샌드 쿠키

바닐라샌드 쿠키

위너링그리

미루아르 쿠키

린쯔 쿠키

피스타치오 쿠키

피스타치오와 살구의 맛이 조화롭게 어우러진 쿠키로 고소함과 새콤함이 교차해 입 안이 지루할 틈이 없습니다. 잼과 퐁당은 가능한 한 얇게 발라 주는 것이 좋고 잘 건조해야 합니다. 밀어 펴는 쿠키의 반죽은 장시간 냉장고에 보관 후 사용할 경우 가루류를 섞을 때 살짝만 섞어 주는 것이 좋습니다. 사용하기 직전에 다시 한 번 잘 섞어 밀어 편 다음 휴지시켜 사용하면 언제나 신선한 반죽을 사용할 수 있습니다.

PREPARATION

A. 달걀, 노른자, 소금 함께 섞어 놓기
A. 피스타치오 페이스트 20℃로 데우기
A. 박력분, 베이킹파우더 함께 체 치기
B. 설탕, 트레할로스 함께 섞어 놓기

YIELD

20개 분량

재료

A 쿠키

버터	175g
설탕	100g
달걀	10g
노른자	10g
소금	1g
피스타치오 페이스트	40g
박력분	250g
베이킹파우더	2.5g

B 살구 잼

살구 퓌레	500g
설탕	100g
트레할로스	400g
펙틴	6g
피스타치오 페이스트	50g
레몬즙	20g

C 마무리

살구잼	적당량
물	적당량
피스타치오 커넬 (구운 것)	적당량

A-5

C-2

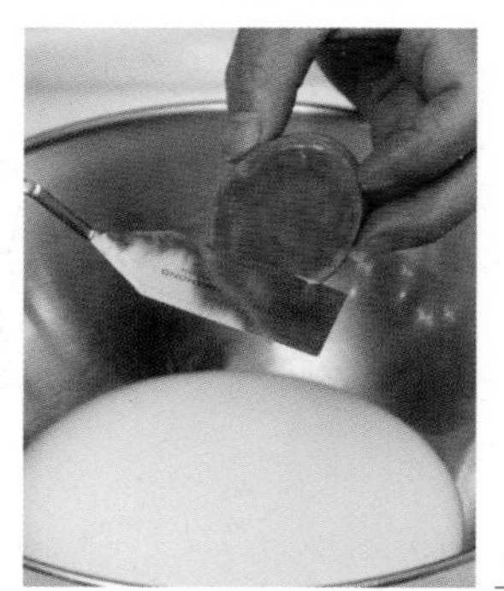
C-3

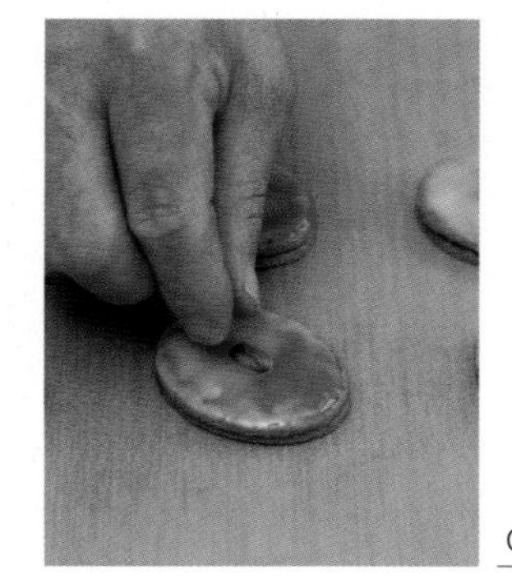
C-4

A 쿠키

1 믹서볼에 버터를 넣고 비터를 이용해 부드럽게 푼 다음 설탕을 넣고 설탕이 녹을 때까지 섞는다.
2 ①에 함께 섞어 놓은 달걀, 노른자, 소금을 2~3회에 나누어 넣고 섞은 다음 20℃로 데운 피스타치오 페이스트를 넣고 섞는다.
3 ②에 함께 체 쳐놓은 박력분, 베이킹파우더를 넣고 가루 입자가 보이지 않을 때까지 섞는다.
4 ③을 냉장고에서 1시간 이상 휴지시킨 다음 2.5㎜ 두께로 밀어 편다.
5 4.5×5.5㎝ 타원형 쿠키커터를 이용해 ④를 찍어 철팬 위에 팬닝한 다음 160℃ 컨벡션 오븐에서 15분 동안 굽는다.

B 살구 잼

1 냄비에 살구 퓌레를 넣고 내용물이 타지 않도록 저으면서 중불로 가열한다.
2 ①이 끓기 시작하면 함께 섞어 놓은 설탕, 트레할로스의 ½을 넣고 섞는다.
3 ②가 다시 끓기 시작하면 남은 설탕과 트레할로스, 펙틴을 넣고 섞은 다음 피스타치오 페이스트를 넣고 100℃까지 끓인다.
4 ③에 레몬즙을 넣고 섞은 다음 불에서 내려 50~60℃까지 식힌다.

C 마무리

1 짤주머니를 이용해 A(쿠키) 위에 B(살구 잼)를 1g씩 짠 다음 남은 A(쿠키)로 샌드한다.
2 냄비에 남은 B(살구 잼)를 넣고 살짝 졸인 다음 붓 또는 스패튤러를 이용해 ① 위에 얇게 펴 바른다.
TIP 살구 잼은 찬물(20℃)에 떨어뜨렸을 때 퍼지지 않고 모양을 유지하며 가라앉을 정도까지 졸인다.
3 100℃ 오븐에서 5분 동안 건조시킨 다음 되기를 묽게 조절한 퐁당(분량 외)을 붓 또는 스패튤러를 이용해 얇게 펴 바른다.
TIP 중탕볼에 퐁당을 올리고 30°Be시럽을 가감하면서 되기를 조절한다. 퐁당은 50℃ 이상이 되면 광택이 사라지고 설탕이 재결정화되기 때문에 40~50℃에서 사용하는 것이 좋다.
4 ③ 위에 피스타치오 분태를 올린 다음 100℃ 오븐에서 3분 동안 한 번 더 건조시킨다.

사랑해 쿠키

어떤 기념일에나 잘 어울리는 쿠키로 새콤달콤한 맛이 매력적이랍니다. 처음 개발했을 때는 표면에 잼이 발라져 있어 포장지에 묻기도 하고 온도를 잘못 맞추면 잼이 흘러 내리기도 하는 등 어려움이 많았습니다. 개발까지 긴 시간과 시행착오를 거쳐 지금에 이르게 된 만큼 함께 공유 할 수 있어 기쁩니다.

PREPARATION

A. 달걀, 소금 함께 섞어 놓기
A. 박력분, 아몬드파우더, 베이킹파우더 함께 체 치기
B. 설탕, 트레할로스 함께 섞어 놓기

YIELD

20개 분량

재료

A 쿠키

버터	113g
설탕	169g
달걀	55g
소금	0.5g
박력분	281g
아몬드파우더	56g
베이킹파우더	1.5g

B 산딸기 잼

산딸기 퓌레	500g
설탕	100g
트레할로스	400g
펙틴	6g
레몬즙	20g

A-3

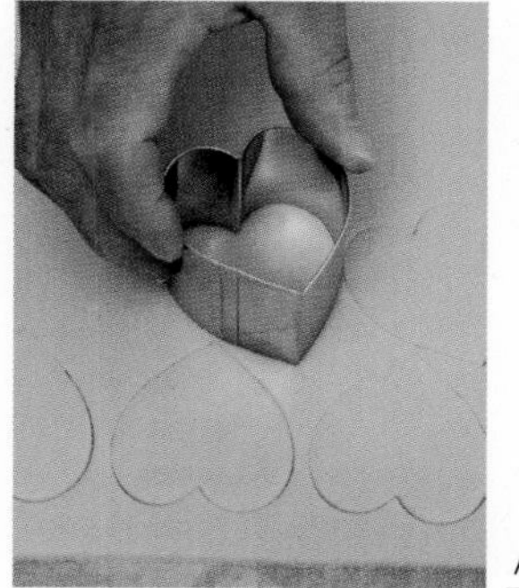
A-5

C-2

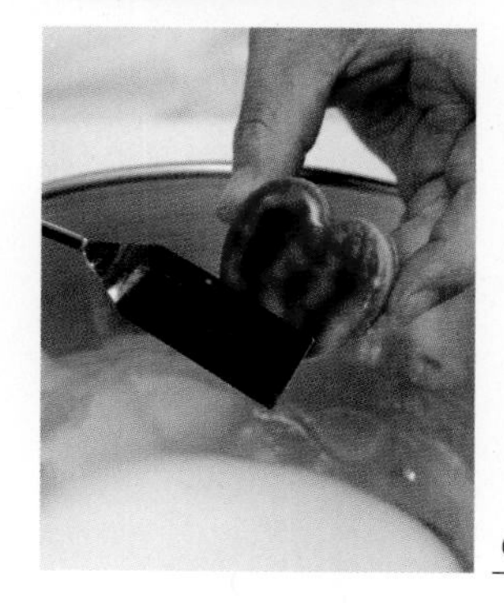
C-4

A 쿠키

1 믹서볼에 버터를 넣고 비터를 이용해 부드럽게 푼 다음 설탕을 넣고 설탕이 녹을 때까지 섞는다.
2 ①에 함께 섞어 놓은 달걀, 소금을 2~3회에 나누어 넣고 유화시킨다.
3 ②에 함께 체 쳐놓은 박력분, 아몬드파우더, 베이킹파우더를 넣고 가루 입자가 보이지 않을 때까지 섞는다.
4 ③을 냉장고에서 1시간 동안 휴지시킨 다음 2.5㎜ 두께로 밀어 편다.
5 길이 5㎝ 하트 쿠키커터를 이용해 ④를 찍어 철팬 위에 팬닝한다.
6 160℃ 컨벡션 오븐에서 15분 동안 구운 다음 철팬 위에서 약 40℃까지 식힌다.

B 산딸기 잼

1 냄비에 산딸기 퓌레를 넣고 내용물이 타지 않도록 저으면서 중불로 가열한다.
2 ①이 끓기 시작하면 함께 섞어 놓은 설탕, 트레할로스의 ½을 넣고 섞는다.
3 ②가 다시 끓기 시작하면 남은 설탕과 트레할로스, 펙틴을 넣고 섞는다.
4 잼의 중앙 부분이 끓기 시작하면 3~5분 동안 더 가열한 다음 레몬즙을 넣고 섞는다.
5 ④를 불에서 내린 다음 찬물에 올려 식힌다.

C 마무리

1 짤주머니를 이용해 A(쿠키) 위에 B(산딸기 잼)를 1g씩 짠 다음 남은 A(쿠키)를 올려 샌드한다.
2 볼에 남은 B(산딸기 잼)를 넣고 따듯하게 데운 다음 ①의 윗면이 잼에 잠길 정도로 담갔다 뺀다.
3 스패튤러를 이용해 잼을 최대한 얇게 펴 바른 다음 100℃ 오븐에서 5분 동안 건조시킨다.
4 ③ 위에 되기를 묽게 조절한 퐁당(분량 외)을 붓 또는 스패튤러를 이용해 얇게 펴 바른다.
TIP 중탕볼에 퐁당을 올리고 30°Be시럽을 가감하면서 되기를 조절한다.
5 100℃ 오븐에 ④를 넣고 3분 동안 한 번 더 건조시킨다.

산딸기잼 쿠키

씨 있는 산딸기 잼은 쿠키에 잘 어울립니다. 씨를 함께 먹으면 치아에 끼이거나 식감이 거칠어지기도 하지만 건강에는 좋습니다. 시각적으로도 씨가 들어 있는 것이 자연스럽고 식욕을 끌어내는 효과가 있습니다. 번거롭겠지만 '사랑해 쿠키'와 마찬가지로 잼을 바른 후 굽고 말리는 과정을 반복해야 합니다.

PREPARATION

A. 달걀, 노른자, 소금 함께 섞어 놓기
A. 박력분, 아몬드파우더, 베이킹파우더 함께 체 치기
B. 설탕, 트레할로스 함께 섞어 놓기

YIELD

20개 분량

재료

A 쿠키

버터	155g
쇼트닝	20g
설탕	100g
달걀	15g
노른자	10g
소금	1g
박력분	238g
아몬드파우더	13g
베이킹파우더	2.5g

B 라즈베리 잼

라즈베리	500g
설탕	100g
트레할로스	400g
펙틴	6g
레몬즙	20g

C 마무리

백앙금	150g
노른자	50g

A-5

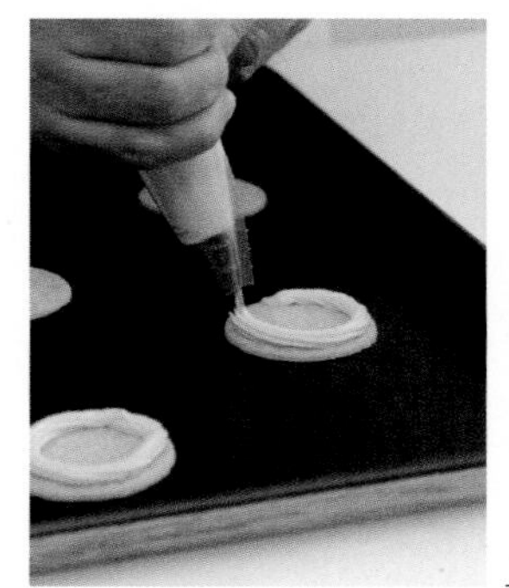

C-2

C-5

C-6

A 쿠키

1 믹서볼에 버터, 쇼트닝을 넣고 비터를 이용해 부드럽게 푼 다음 설탕을 넣고 설탕이 녹을 때까지 섞는다.
2 ①에 함께 섞어 놓은 달걀, 노른자, 소금을 2~3회에 나누어 넣고 유화시킨다.
3 ②에 함께 체 쳐놓은 박력분, 아몬드파우더, 베이킹파우더를 넣고 가루 입자가 보이지 않을 때까지 섞는다.
4 ③을 냉장고에서 1시간 동안 휴지시킨 다음 2.5㎜ 두께로 밀어 편다.
5 지름 4.8㎝ 원형커터를 이용해 ④를 찍어 철판 위에 팬닝한다.
6 160℃ 컨벡션 오븐에서 쿠키의 ½은 밑바닥까지 완전히 색이 날 정도(약 15분), 남은 ½은 윗면에 살짝 색이 날 정도(약 8~9분)로 굽는다.

B 씨 있는 라즈베리 잼

1 냄비에 라즈베리를 넣고 내용물이 타지 않도록 저으면서 중불로 가열한다.
2 ①이 끓기 시작하면 함께 섞어 놓은 설탕, 트레할로스의 ½을 넣고 섞는다.
3 ②가 다시 끓기 시작하면 남은 설탕과 트레할로스, 펙틴을 넣고 젤리 상태가 될 때까지 졸인다.
4 ③에 레몬즙을 넣고 섞은 다음 불에서 내려 식힌다.

C 마무리

1 볼에 백앙금을 넣고 부드럽게 푼 다음 노른자를 나누어 넣고 섞는다.
2 별깍지를 낀 짤주머니에 ①을 넣은 다음 윗면에 살짝 색이 날 정도로 구운 A(쿠키) 위에 링 모양으로 짠다.
TIP 쿠키의 가장자리보다 살짝 안쪽에 짠다.
3 160℃ 컨벡션 오븐에서 완전히 색이 날 때까지 구운 다음 철판 위에서 식힌다.
4 앙금을 짜지 않고 구운 A(쿠키) 위에 B(라즈베리 잼)를 1g씩 짠 다음 ③을 올려 샌드한다.
5 ④ 위에 뜨겁게 데운 B(라즈베리 잼)를 얇게 짠 다음 100℃ 오븐에서 5분 동안 건조시킨다.
TIP 잼이 손에 묻어나지 않을 때까지 건조시킨다.
6 ⑤ 위에 되기를 묽게 조절한 퐁당(분량 외)을 붓 또는 스패튤러를 이용해 얇게 펴 바른 다음 100℃ 오븐에서 3~4분 동안 한 번 더 건조시킨다.
TIP 중탕볼에 퐁당을 올리고 30°Be시럽을 가감하면서 되기를 조절한다.

SUNGSIMDANG 39

생크림셸 쿠키

생크림이 들어간 바닐라 쿠키로 다른 쿠키보다 가루가 적게 들어가고 믹싱을 많이 하기 때문에 매우 가볍고 부드럽습니다. 짜는 형태의 쿠키는 식감이 믹싱 과정에서 결정되기 때문에 충분히 믹싱을 하는 것이 중요합니다. 구울 때도 가벼운 쿠키이니만큼 충분히 예열 후 구워야 많이 퍼지지 않고 잘 구워집니다.

PREPARATION

A. 생크림, 흰자, 바닐라농축액, 레몬 제스트 함께 중탕하기
(여름철 10~15℃, 겨울철 25~30℃)
A. 박력분 체 치기
B. 설탕, 트레할로스 함께 섞어 놓기

YIELD

지름 7㎝×높이 9㎝ 원형통 10개 분량

재료

A 쿠키

버터	315g
쇼트닝	105g
설탕	135g
소금	5g
생크림(38%)	70g
흰자	75g
바닐라농축액	4g
레몬 제스트	0.5g
박력분	500g

B 살구 잼

살구 퓌레	500g
설탕	100g
트레할로스	400g
펙틴	6g
레몬즙	20g

C 마무리

B(살구 잼)	적당량
물	적당량

A-2

A-4

A-5

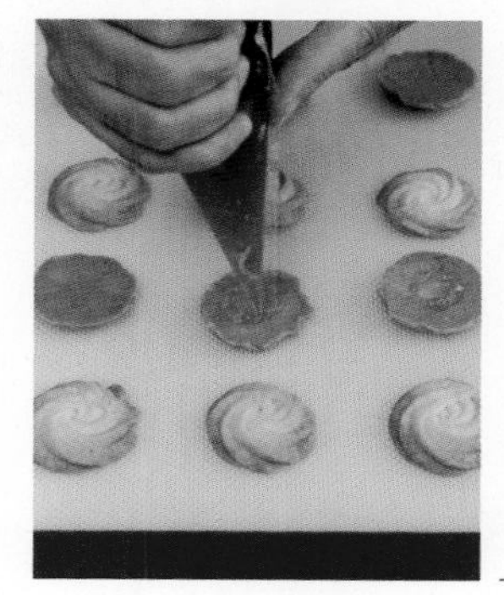

C-2

A 쿠키

1 믹서볼에 버터, 쇼트닝을 넣고 비터를 이용해 부드럽게 푼 다음 설탕, 소금을 넣고 뽀얗게 될 때까지 섞는다.

TIP 쿠키 반죽의 경우 버터에 공기를 너무 많이 넣으면 굽고 나서 쿠키가 부서지기 쉽다.

2 ①에 함께 중탕한 생크림, 흰자, 바닐라농축액, 레몬 제스트를 3~4회에 나누어 넣고 섞는다.

TIP 버터에 액체류를 너무 빨리 넣으면 무겁고 딱딱한 쿠키가 된다.

3 ②에 체 쳐놓은 박력분을 한 번에 넣고 가루 입자가 보이지 않을 때까지 섞는다.

TIP 밀가루를 골고루 섞지 않으면 쿠키를 구웠을 때 색이 고르지 않아 얼룩덜룩해진다.

4 별깍지를 낀 짤주머니에 ③을 넣은 다음 철팬 위에 지름 3㎝의 로제트 모양으로 짠다.

5 165℃ 컨벡션 오븐에서 5분 동안 구운 다음 150℃로 온도를 낮추고 10분 동안 더 굽는다.

B 살구 잼

1 냄비에 살구 퓌레를 넣고 내용물이 타지 않도록 저으면서 중불로 가열한다.

2 ①이 끓기 시작하면 함께 섞어 놓은 설탕, 트레할로스의 ½을 넣고 섞는다.

3 ②가 다시 끓기 시작하면 남은 설탕과 트레할로스, 펙틴을 넣고 젤리 상태가 될 때까지 졸인다.

4 ③에 레몬즙을 넣고 섞은 다음 불에서 내려 식힌다.

C 마무리

1 냄비에 B(살구 잼), 물을 넣고 끓인 다음 50~60℃로 식힌다.

TIP 잼이 너무 되면 먹을 때 쿠키와 잼이 어우러지지 않아 식감이 좋지 않다.

2 짤주머니에 ①을 넣고 A(쿠키) 위에 1g씩 짠 다음 샌드한다.

쇼콜라샌드 쿠키

쇼콜라샌드 쿠키는 부드러운 초콜릿 랑그드샤(Langues de chat)의 일종입니다.
반죽이 너무 가벼우면 부서지기가 쉽고 내부가 거칠어집니다. 반대로 너무 무거우면 단단하여
짜기가 힘들고 구웠을 때도 식감이 좋지 않습니다. 초콜릿이 버터크림보다 많이 들어가
유통기한을 길게 잡을 수 있는 장점이 있습니다.

PREPARATION

A. 생크림, 흰자, 바닐라농축액 함께 중탕하기
(여름철 10~15℃, 겨울철 25~30℃)
A. 박력분, 코코아파우더 함께 체 치기
B. 설탕, 트레할로스 함께 섞어 놓기
C. 밀크초콜릿 40℃로 녹이기

YIELD

지름 7㎝×높이 9㎝ 원형통 9개 분량

재료

A 쿠키

버터	350g
슈거파우더	180g
트레할로스	90g
소금	3g
생크림	50g
흰자	150g
바닐라농축액	적당량
박력분	310g
코코아파우더	37g

B 버터크림

물	20g
물엿	3.3g
설탕	33g
트레할로스	33g
흰자	9.2g
버터	90g
쇼트닝	10g
소금	0.5g

C 마무리

B(버터크림)	133g
밀크초콜릿	200g
럼	7g
다크초콜릿	350g

A-4

B-4

C-4

C-5

A 쿠키

1 믹서볼에 버터를 넣고 비터를 이용해 부드럽게 푼 다음 슈거파우더, 트레할로스, 소금을 넣고 뽀얗게 될 때(약 10~15분)까지 섞는다.
2 ①에 함께 중탕한 생크림, 흰자, 바닐라농축액을 3~4회에 나누어 넣고 섞는다.
TIP 액체의 온도(여름철 10~15℃, 겨울철 25~30℃)는 계절에 따라 다르다. 이 온도를 맞추는 것만으로도 버터가 처지거나 굳는 현상을 예방할 수 있다.
3 ②에 함께 체 쳐놓은 박력분, 코코아파우더를 한 번에 넣고 가루 입자가 보이지 않고, 윤기가 날 때까지 섞는다.
4 8㎜ 원형깍지를 낀 짤주머니에 ③을 넣은 다음 철팬 위에 지름 2.5㎝ 원형으로 짠다.
5 160℃ 컨벡션 오븐에 ④를 넣고 오븐 문을 닫자마자 온도를 155℃로 내린 다음 13분 동안 굽는다.

B 버터크림

1 냄비에 물, 물엿, 함께 섞어 놓은 설탕과 트레할로스를 넣고 중강불로 117℃까지 끓인다.
TIP 냄비의 가장자리에 닿는 시럽이 타지 않도록 물을 적신 붓을 이용해 냄비의 안쪽 부분을 닦으면서 작업한다.
2 믹서볼에 흰자를 넣고 바닥에 액체가 보이지 않을 때(50%)까지 휘핑한 다음 ①을 천천히 넣으면서 중고속으로 휘핑한다.
3 시럽을 전부 넣었으면 중속으로 속도를 낮추고 25~30℃가 될 때까지 휘핑한다.
4 ③에 실온 상태의 버터와 쇼트닝, 소금을 넣은 다음 부드럽고 윤기가 날 때까지 섞는다.

C 마무리

1 볼에 B(버터크림)를 넣고 부드럽게 푼 다음 40℃로 녹인 밀크초콜릿을 넣고 섞는다.
2 ①을 28℃까지 식힌 다음 럼을 넣고 섞는다.
3 짤주머니에 ②를 넣고 A(쿠키) 위에 1g씩 짠 다음 샌드한다.
4 ③의 윗면 ½ 부분을 템퍼링 한 다크초콜릿에 디핑하고 털어낸다.
5 짤주머니에 남은 다크초콜릿을 넣은 다음 ④ 위에 얇게 여러 줄 짜서 굳힌다.

바닐라샌드 쿠키

일본 홋카이도에 가면 어디에서나 쉽게 접할 수 있는 '시로이 고이비토(하얀 연인)'라는 쿠키가 있습니다.
도대체 어떻게 이렇게 부드럽고 얇은 쿠키를 만들 수 있는지, 그리고 어떻게 이렇게 일정한 두께로
크림을 샌드 할 수 있는지 생산공장을 견학하고 나니 이해가 됐습니다. 생산 현장의 위생 수준도 놀라웠지요.
그러나 한편으로는 자동화된 생산 공정에 실망해 수제 쿠키로 만들어 보고자 개발한 제품입니다.

PREPARATION

A. 슈거파우더, 트레할로스, 소금, 바닐라빈 함께 섞어 놓기
A. 생크림, 흰자 함께 중탕하기(여름철 10~15℃, 겨울철 25~30℃)
A. 박력분 체 치기
B. 설탕, 트레할로스 섞어 놓기
C. 화이트초콜릿은 중탕으로 30℃까지 녹이기

YIELD

15개 분량

재료

A 바닐라쿠키

버터	175g
슈거파우더	90g
트레할로스	45g
소금	1.5g
바닐라빈	⅙개
생크림(38%)	25g
흰자	75g
박력분	155g
피스타치오 분태	50g

B 버터크림

물	20g
물엿	3.3g
설탕	33g
트레할로스	33g
흰자	9.2g
버터	90g
쇼트닝	10g
소금	0.5g

C 마무리

B(버터크림)	133g
화이트초콜릿	200g
키르슈 리큐어	6.6g

A-4

A-5

C-1

C-2

A 바닐라쿠키

1 믹서볼에 버터를 넣고 비터를 이용해 부드럽게 푼다.
2 ①에 함께 섞어 놓은 슈거파우더, 트레할로스, 소금, 바닐라빈 씨를 넣고 뽀얗게 될 때(약 10~15분)까지 중속으로 믹싱한다.
3 ②에 함께 중탕한 생크림, 흰자를 3~4회에 나누어 넣고 섞는다.
TIP 액체의 온도(여름철 10~15℃, 겨울철 25~30℃)는 계절에 따라 다르다. 이 온도를 맞추는 것만으로도 버터가 처지거나 굳는 현상을 예방할 수 있다.
4 ③에 체 쳐놓은 박력분을 한 번에 넣고 모든 재료가 매끄럽게 될 때까지 충분히 섞는다.
5 8㎜ 원형깍지를 낀 짤주머니에 ④를 넣고 지름 2.5㎝ 원형으로 짠 다음 피스타치오 분태를 가운데에 올린다.
6 160℃ 컨벡션 오븐에 ⑤를 넣고 오븐 문을 닫자마자 온도를 155℃로 내린 다음 15분 동안 굽는다.

B 버터크림

1 냄비에 물, 물엿, 함께 섞어 놓은 설탕과 트레할로스를 넣고 중강불로 117℃까지 끓인다.
TIP 냄비의 가장자리에 닿는 시럽이 타지 않도록 물을 적신 붓을 이용해 냄비의 안쪽 부분을 닦으면서 작업한다.
2 믹서볼에 흰자를 넣고 바닥에 액체가 보이지 않을 때(50%)까지 휘핑한 다음 ①을 천천히 넣으면서 중고속으로 휘핑한다.
3 시럽을 전부 넣었으면 중속으로 속도를 낮추고 25~30℃가 될 때까지 휘핑한다.
4 ③에 실온 상태의 버터와 쇼트닝, 소금을 넣은 다음 부드럽고 윤기가 날 때까지 섞는다.

C 마무리

1 볼에 부드럽게 푼 B(버터크림), 30℃로 녹인 화이트초콜릿을 넣고 섞은 다음 키르슈 리큐어를 넣고 섞는다.
2 짤주머니에 ①을 넣고 A(바닐라쿠키) 위에 1g씩 짠 다음 샌드한다.

위너링그리

초콜릿 쿠키를 구울 때 중요한 것은 구워진 정도를 판단하는 기준입니다. 쿠키의 짙은 색 때문에 언뜻 봐서는 구워진 정도를 판단하기 어렵습니다. 때문에 반드시 쿠키의 바닥과 중심부를 보아야 합니다. 위너링그리는 말굽 모양 덕분에 쿠키 전체에 열이 고루 전달되어 고소하게 잘 구워지지만 부드러운 만큼 부서지기 쉽기 때문에 주의해야 합니다.

PREPARATION

A. 생크림, 흰자, 바닐라농축액 함께 중탕하기 (여름철 10~15℃, 겨울철 25~30℃)
A. 박력분, 코코아파우더 함께 체 치기
B. 설탕, 트레할로스 함께 섞어 놓기

YIELD

25개 분량

재료

A 쿠키

버터	250g
설탕	93g
소금	0.9g
생크림(38%)	46g
흰자	30g
바닐라농축액	2g
박력분	267g
코코아파우더(발로나)	9.2g

B 산딸기 잼

산딸기 퓌레	500g
설탕	100g
트레할로스	400g
펙틴	6g
레몬즙	20g

C 마무리

다크커버추어초콜릿	적당량
피스타치오 분태	적당량

A-3

A-4

C-2

C-3

A 쿠키

1 믹서볼에 버터를 넣고 비터를 이용해 부드럽게 푼 다음 설탕, 소금을 넣고 뽀얗게 될 때까지 섞는다.
2 ①에 함께 중탕한 생크림, 흰자, 바닐라농축액을 3~4회에 나누어 넣고 섞는다.
3 ②에 함께 체 쳐놓은 박력분, 코코아파우더를 한 번에 넣고 가루 입자가 보이지 않고, 윤기가 날 때까지 섞는다.
4 별깍지를 낀 짤주머니에 ③을 넣은 다음 철팬 위에 3×3.5㎝ 말발굽 모양으로 짠다.
TIP 같은 크기로 짜지 않으면 나중에 쿠키를 샌드했을 때 모양이 예쁘지 않다.
5 165℃ 컨벡션 오븐에서 5분 동안 구운 다음 150℃로 온도를 낮추고 10분 동안 더 굽는다.

B 산딸기 잼

1 냄비에 산딸기 퓌레를 넣고 내용물이 타지 않도록 저으면서 중불로 가열한다.
2 ①이 끓기 시작하면 함께 섞어 놓은 설탕, 트레할로스의 ½을 넣고 섞는다.
3 ②가 다시 끓기 시작하면 남은 설탕과 트레할로스, 펙틴을 넣고 섞는다.
4 잼의 중앙 부분이 끓기 시작하면 3~5분 동안 더 가열한 다음 레몬즙을 넣고 섞는다.
5 ④를 불에서 내린 다음 찬물에 올려 식힌다.

C 마무리

1 A(쿠키) 위에 B(산딸기 잼)를 말발굽 모양으로 짠 다음 남은 A(쿠키)로 샌드한다.
2 ①의 밑부분에 템퍼링한 다크커버추어초콜릿을 2㎝ 정도 묻힌 다음 여분의 초콜릿은 털어낸다.
3 ② 위에 피스타치오 분태를 붙인 다음 굳힌다.
TIP 피스타치오 분태는 쿠키에 묻힌 초콜릿 높이의 80%까지 붙인다.

미루아르 쿠키

미루아르 쿠키를 만들 땐 머랭의 상태가 모양을 잡아주는 중요한 역할을 하기 때문에
머랭을 잘 만드는 것이 중요합니다. 흰자를 차갑게 하고 설탕을 조금 빨리 넣으면서 휘핑해야
좋은 머랭이 나옵니다. 아몬드크림은 너무 가벼우면 옆으로 많이 퍼지기 때문에 믹싱에 주의해야 합니다.
고소함을 더해주는 아몬드 분태는 개봉한 채 오래 두면 안 좋은 냄새가 나기 때문에 최대한 빨리 사용하고
구운 후에도 가능하면 빠른 시일 내에 먹는 것이 좋습니다.

PREPARATION

A. 달걀, 바닐라농축액 20℃로 함께 데우기
A. 아몬드파우더 체 치기
B. 흰자 얼기 직전까지 차갑게 식히기
B. 슈거파우더, 아몬드파우더 함께 체 치기
B. 아몬드 분태 2~3㎜로 다지기
C. 설탕, 트레할로스 함께 섞어 놓기

YIELD

50개 분량

재료

A 아몬드크림

버터	50g
설탕	50g
달걀	50g
바닐라농축액	0.05g
아몬드파우더	50g

B 머랭 쿠키

흰자	100g
설탕	50g
타르타르 크림	0.2g
소금	0.5g
슈거파우더	50g
아몬드파우더	100g
아몬드 분태	적당량
A(아몬드크림)	200g

C 살구 잼

살구 퓌레	500g
설탕	100g
트레할로스	400g
펙틴	6g
레몬즙	20g

D 마무리

C(살구 잼)	500g
아몬드 프랄리네	100g
물	5g

A-3

B-1

B-4

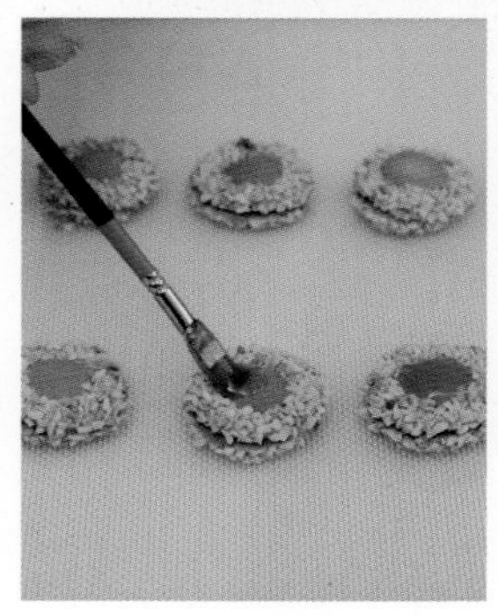
D-2

A 아몬드크림

1 볼에 버터를 넣고 부드럽게 푼 다음 설탕을 넣고 설탕이 녹을 때까지 섞는다.
2 ①에 20℃로 함께 데운 달걀, 바닐라농축액을 3~4회 나누어 넣고 섞는다.
TIP 달걀을 넣는 과정에서 분리 현상이 일어나면 아몬드파우더를 소량 넣고 섞어서 분리를 막는다. 하지만 분리가 되지 않고 잘 만들어진 아몬드크림보다 식감이 떨어질 수 있다.
3 ②에 체 친 아몬드파우더를 넣고 가루 입자가 보이지 않을 때까지 섞는다.

B 머랭 쿠키

1 믹서볼에 흰자를 넣고 부드럽게 푼 다음 설탕, 타르타르 크림, 소금을 넣고 휘퍼를 들어 올렸을 때 뿔이 뾰족하게 솟은 상태(100%)가 될 때까지 섞는다.
TIP 차갑게 해 둔 흰자에 설탕을 조금 빨리 넣으면서 휘핑한다.
2 ①에 함께 체 쳐놓은 슈거파우더, 아몬드파우더를 넣고 가루 입자가 보이지 않을 때까지 믹싱한다.
3 지름 5㎜ 원형깍지를 낀 짤주머니에 ②를 넣은 다음 철팬 위에 지름 4㎝ 링 모양으로 짠다.
4 ③ 위에 다진 아몬드 분태를 골고루 묻힌 다음 ③의 가운데 빈 공간에 A(아몬드크림)를 2g 짠다.
5 160℃ 컨벡션 오븐에서 14분 동안 굽는다.

C 살구 잼

1 냄비에 살구 퓌레를 넣고 내용물이 타지 않도록 저으면서 중불로 가열한다.
2 ①이 끓기 시작하면 함께 섞어 놓은 설탕, 트레할로스의 ½을 넣고 섞는다.
3 ②가 다시 끓기 시작하면 남은 설탕과 트레할로스, 펙틴을 넣고 젤리 상태가 될 때까지 졸인다.
4 ③에 레몬즙을 넣고 섞은 다음 불에서 내려 50~60℃까지 식힌다.

D 마무리

1 냄비에 C(살구 잼), 아몬드 프랄리네, 물을 넣고 끓인 다음 B(머랭 쿠키) 위에 1g씩 짠다.
2 ① 위에 남은 B(머랭 쿠키)를 올려 샌드한 다음 아몬드 크림 위에 남은 C(살구 잼)를 붓으로 얇게 펴 바른다.
3 100℃ 오븐에서 손으로 만졌을 때 잼이 묻어나지 않을 정도(약 5분)까지 건조시킨다.
4 ③ 위에 되기를 묽게 조절한 퐁당(분량 외)을 붓을 이용해 얇게 펴 바른 다음 100℃ 오븐에서 3분 동안 한 번 더 건조시킨다.
TIP 중탕볼에 퐁당을 올리고 30˚Be시럽을 가감하면서 되기를 조절한다.

린쯔 쿠키

오스트리아 과자 중에 린저토르테(Linzertorte)라는 유명한 과자가 있습니다. 린저토르테의 독특하고 깊은 맛을 응용해보고자 만든 게 바로 이 린쯔 쿠키입니다. 밀가루가 적게 들어가는 만큼 부서지기 쉬운 쿠키지만 견과류가 많이 들어가기 때문에 오독오독 씹히는 식감을 좋아하시는 분들께 권해드려도 좋은 제품입니다. 원하는 형태로 구우려면 틀에 넣고 구우면 됩니다.

PREPARATION

A. 달걀, 노른자, 소금 함께 섞어 놓기
A. 박력분, 코코아파우더, 시나몬파우더 함께 체 치기
B. 설탕, 트레할로스 함께 섞어 놓기

YIELD

위 지름 4㎝×아래 지름 3.5㎝×높이 3㎝ 틀
20개 분량

재료

A 반죽

버터	233g
설탕	133g
달걀	80g
노른자	25g
소금	0.3g
바닐라농축액	적당량
박력분	83g
코코아파우더	10g
시나몬파우더	0.3g
아몬드 슬라이스(구운 것)	200g
초코크럼블	100g
초코칩	50g

B 레드커런트 잼

레드커런트 퓌레	500g
설탕	100g
트레할로스	400g
펙틴	6g
레몬즙	10g

C 마무리

아몬드	적당량

A 반죽

1 믹서볼에 버터를 넣고 비터를 이용해 부드럽게 푼 다음 설탕을 넣고 설탕이 녹을 때까지 저속으로 섞는다.
2 ①에 함께 섞어 놓은 달걀, 노른자, 소금을 3~4회에 나누어 넣고 섞은 다음 바닐라농축액을 넣고 섞는다.
3 ②에 함께 체 쳐놓은 박력분, 코코아파우더, 시나몬파우더를 넣고 가루 입자가 보이지 않을 때까지 섞는다.
4 ③에 아몬드 슬라이스, 초코크럼블, 초코칩을 넣고 가볍게 섞는다.

B 레드커런트 잼

1 냄비에 레드커런트 퓌레를 넣고 내용물이 타지 않도록 저으면서 중불로 가열한다.
2 ①이 끓기 시작하면 함께 섞어 놓은 설탕, 트레할로스의 ½을 넣고 섞는다.
3 ②가 다시 끓기 시작하면 남은 설탕과 트레할로스, 펙틴을 넣고 섞는다.
4 잼의 중앙 부분이 끓기 시작하면 3~5분 동안 더 가열한 다음 레몬즙을 넣고 섞는다.
5 ④를 불에서 내린 다음 찬물에 올려 식힌다.

C 마무리

1 틀에 A(반죽)를 ⅓ 채운 다음 반죽 가운데에 B(레드커런트 잼)를 1g 짠다.
2 ① 위에 남은 A(반죽)를 틀의 80%까지 채운 다음 아몬드 한 개를 올리고 160℃ 컨벡션 오븐에서 20~25분 동안 굽는다.

A-4

C-1

C-1

C-2

Chapter 06

서툰 마음을 전하는 달콤한 정성

Chocolate

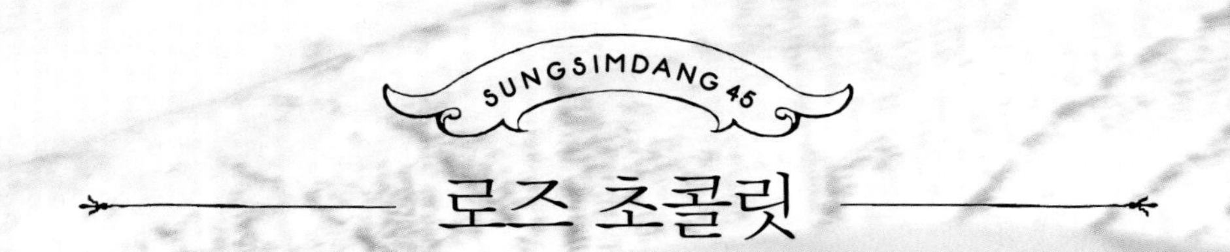

로즈 초콜릿

초콜릿에 장미 퓌레를 넣어 의아하게 생각할 수도 있으실 겁니다. 달콤한 사랑을 떠올리게 하는 초콜릿, 모양과 이름만이 아닌 먹었을 때도 장미의 맛과 향이 느껴지는 초콜릿을 만들어 보고자 개발한 제품입니다. 몰딩 작업 시 너무 두껍지도 얇지도 않은 적당한 두께가 되도록 주의하며 작업해야 합니다.

PREPARATION

A. 화이트초콜릿 30℃로 녹이기
A. 카카오버터 50℃로 녹이기
B. 장미 모양 초콜릿 틀을 광택이 날 때까지 솜으로 닦기
B. 다크초콜릿 템퍼링 하기

YIELD

15개 분량

재료

A 장미 가나슈

장미 퓌레	29g
생크림	10g
트리몰린	7.5g
화이트초콜릿	108g
카카오버터	10g
장미 리큐어	15g
버터	12g

B 마무리

다크초콜릿	1,000g

초콜릿 작업 관련 온도와 습도

- 작업실의 온도 : 18~20℃
- 작업실의 습도 : 50% 이하
- 초콜릿 몰드의 온도 : 18~20℃
- 충전물의 온도 : 20~25℃
- 초콜릿을 굳힐 때의 온도 : 9~10℃
- 완성품의 보관 온도 : 15~18℃

A 장미 가나슈

1 냄비에 장미 퓌레, 생크림, 트리몰린을 넣고 데우다 끓기 시작하면 불에서 내린다.
2 볼에 30℃로 녹인 화이트초콜릿, 50℃로 녹인 카카오버터를 넣고 섞는다.
3 ②에 ①을 3~4회에 나누어 넣고 유화시킨다.
TIP 초콜릿에 액체류의 일부를 넣고 섞기 시작할 때부터 모든 재료를 유화시키는 것이 중요하다(40~45℃).
4 ③이 38~40℃가 되면 장미 리큐어를 섞고 25~30℃까지 식힌다.
5 ④에 부드럽게 푼 버터를 넣고 섞은 다음 핸드블렌더를 이용해 곱게 갈아 실온(15~18℃)에서 5시간 동안 안정시킨다.

B 마무리

1 틀에 템퍼링 한 다크초콜릿을 붓으로 얇게 펴 바른 다음 굳힌다.
TIP 섬세한 모양의 초콜릿 틀을 사용할 경우 붓을 이용해 틀 안쪽의 전면에 초콜릿을 얇게 펴 발라 표면에 공기가 들어가는 것을 예방한다.
2 ①에 템퍼링 한 다크초콜릿을 부은 다음 가볍게 두드려 기포를 뺀다.
3 초콜릿 끝이 굳기 시작하면 틀을 뒤집어 여분의 초콜릿을 떨어뜨린다.
4 틀의 표면에 묻은 초콜릿을 제거한 다음 A(장미 가나슈)를 틀의 90% 높이까지 채운다.
5 템퍼링 한 다크초콜릿을 짤주머니에 담아 ④ 위에 짜 올린다.
6 초콜릿 냉장고(10℃)에 ⑤를 넣고 초콜릿이 떨어질 때까지 굳힌 다음 깨끗한 트레이 위에 뒤집어 올려 틀에서 뺀다.
TIP 남은 초콜릿은 신속히 굳힌 다음 밀봉하여 16~18℃에서 보관한다.

B-1

B-3

B-4
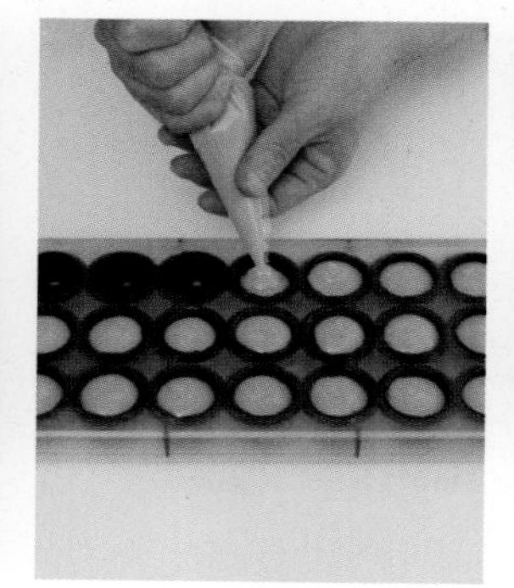

B-5
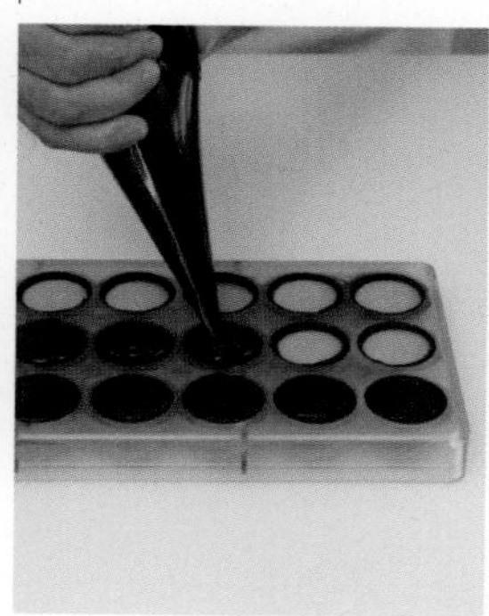

체리봉봉

준비에 상당히 오랜 기간이 걸리며, 완성된 제품도 바로 먹어서는 제 맛을 볼 수 없고
약 2주 후에 먹어야 하는 까다로운 제품입니다. 여러 형태의 초콜릿 중에서도 특히 체리봉봉이
흥미로운 것은 그 기다림의 의미를 생각하게 만들기 때문인 것 같습니다.

PREPARATION

A. 체리 깨끗한 물에 씻어놓기
B. 퐁당 중탕볼에 올려 50~60℃로 데우기

YIELD

20~30개 분량

재료

A 체리 전처리

체리	500g
럼	500g

B 마무리

A(체리 전처리)	360g
다크초콜릿A	적당량
퐁당	300g
30°Be시럽	100g
다크초콜릿B	적당량

A 체리 전처리

1 체리를 깨끗한 물에 씻고 물기가 마를 때까지 상온에 둔다.
TIP 체리에 수분이 묻어 있으면 상하기 쉽다.

2 밀폐용기에 ①, 럼을 넣고 뚜껑을 닫은 다음 서늘한 곳에서 6개월 이상 숙성시킨다.

B 마무리

1 망 위에 수분을 닦아 낸 A(체리 전처리)를 올린 다음 상온에서 표면을 말린다.

2 템퍼링 한 다크초콜릿A를 2㎜ 두께로 밀어 편 다음 지름 1.5㎝ 원형 깍지를 이용해 체리의 개수만큼 찍어서 굳힌다.

3 50~60℃로 데운 퐁당에 30°Be시럽을 넣고 되기를 조절한다.
TIP 퐁당이 되면 체리의 꼭지가 떨어질 가능성이 높고, 묽으면 퐁당이 너무 얇게 씌워지므로 알맞은 되기로 조절하는 것이 중요하다.

4 ③에 ①을 담가서 체리의 80% 높이까지 퐁당을 묻힌 다음 30℃ 이하로 식힌다.

5 ② 위에 ④를 올린 다음 체리와 밑받침 사이에 공기가 들어가지 않도록 주의하면서 템퍼링 한 다크초콜릿B에 디핑한다.
TIP 체리에 퐁당을 입히고 시간이 지나면 체리의 수분에 의해 퐁당이 녹기 때문에 퐁당을 입힌 다음 30분 이내에 초콜릿에 디핑하는 것이 좋다.
TIP 퐁당이 전부 녹을 때까지는 약 12~15일이 소요되므로 그 이후에 먹는 것이 좋다.

A-2

B-3

B-4

B-5

망고초콜릿

몰딩 작업 시 다크초콜릿과 화이트초콜릿 두 종류를 사용하기 때문에 조금 번거롭지만 고객들이 느낄 맛의 깊이와 즐거움을 생각하면 도전해 볼 만한 제품입니다. 근로시간이 단축되고 휴일이 늘어남에 따라 손이 많이 가는 제품을 만들기가 쉽지는 않지만 고객의 입장은 그와 반대일 것입니다. 그러므로 어떻게 하면 정교하고 손 많이 가는 제품을 생산성 높게 만들 것인가를 고민하며 해결책을 찾아야 합니다.

PREPARATION

A. 화이트초콜릿 30℃로 녹이기
A. 카카오버터 50℃로 녹이기
B. 하트모양 초콜릿 틀을 광택이 날 때까지 솜으로 닦기
B. 화이트초콜릿, 다크초콜릿 각각 템퍼링 하기

YIELD

15개 분량

재료

A 망고 가나슈

망고 퓌레	52g
생크림	10g
트리몰린	10g
화이트초콜릿	100g
카카오버터	10g
럼(바카디)	5.4g

B 마무리

화이트초콜릿	1,000g
다크초콜릿	200g

A 망고 가나슈

1 냄비에 망고 퓌레, 생크림, 트리몰린을 넣고 데우다 끓기 시작하면 불에서 내린다.
2 볼에 30℃로 녹인 화이트초콜릿, 50℃로 녹인 카카오버터를 넣고 섞는다.
3 ②에 ①을 3~4회에 나누어 넣고 유화시킨다.
TIP 초콜릿에 액체류의 일부를 넣고 섞기 시작할 때부터 모든 재료를 유화시키는 것이 중요하다(40~45℃).
4 ③이 38~40℃가 되면 럼을 넣고 섞은 다음 핸드블렌더를 이용해 곱게 갈아 실온(15~18℃)에서 5시간 동안 안정시킨다.

B 마무리

1 틀에 템퍼링 한 다크초콜릿을 붓으로 얇게 펴 바른 다음 굳힌다.
2 ①에 템퍼링 한 화이트초콜릿을 붓고 가볍게 두드려 기포를 뺀다.
3 화이트초콜릿의 끝부분이 굳기 시작하면 틀을 뒤집어 여분의 화이트초콜릿을 떨어뜨린다.
4 틀의 표면에 묻은 화이트초콜릿을 제거한 다음 A(망고 가나슈)를 틀의 90% 높이까지 채운다.
5 ④ 위에 템퍼링 한 화이트초콜릿을 올려 평평하게 편 다음 여분의 화이트초콜릿을 제거한다.
6 초콜릿 냉장고(10℃)에 ⑥을 넣고 초콜릿이 떨어질 때까지 굳힌 다음 깨끗한 트레이 위에 뒤집어 올려 틀에서 뺀다.
TIP 남은 초콜릿은 신속히 굳힌 다음 밀봉하여 16~18℃에서 보관한다.

B-1

B-2

B-4

B-6

세바스티앙

가나슈에 생크림이 전혀 들어가지 않고 초콜릿과 프랄린, 카카오버터만으로 이루어져 있어 비교적 유통기한이 긴 축에 속하는 제품입니다. 가나슈의 유동성이 낮기 때문에 굳힐 때 주의가 필요하며 공정에 손이 많이 가 정교함이 요구되는 제품입니다.

PREPARATION

A. 밀크초콜릿 35℃로 녹이기
A. 카카오버터 50℃로 녹이기
A. 아몬드 프랄리네 30℃로 데우기

YIELD

25개 분량

재료

A 가나슈

밀크초콜릿	100g
카카오버터	20g
아몬드 프랄리네	300g

B 마무리

마지팬	150g
인스턴트커피	1.5g
다크초콜릿	적당량
피스타치오(다진 것)	적당량

A 가나슈

1 볼에 35℃로 녹인 밀크초콜릿, 50℃로 녹인 카카오버터를 넣고 섞는다.
2 ①에 30℃로 데운 아몬드 프랄리네를 넣고 섞는다.
3 찬물(10℃)에 ②를 올린 다음 가나슈가 굳기 직전까지 온도를 낮춘다.

B 마무리

1 지름 1.5㎝ 원형깍지를 낀 짤주머니에 A(가나슈)를 담고 실리콘 베이킹 매트 위에 길게 짠 다음 냉장고에서 5~10분 동안 굳힌다.
TIP 실리콘 베이킹 매트 위에는 스프레이를 이용해 물을 뿌려 놓는다.
2 마지팬에 인스턴트커피를 넣고 골고루 섞은 다음 0.5㎝ 두께로 밀어 편다.
3 ② 위에 ①을 올린 다음 겹치는 부분이 없도록 균일한 두께로 돌돌 말아 원기둥 모양으로 감싼다.
TIP 마지팬이 잘 붙지 않으면 물과 설탕을 1:1 비율로 끓여서 만든 시럽을 발라 접착시킨다.
4 ③을 9㎝ 길이로 자른 다음 템퍼링 한 다크초콜릿에 디핑한다.
5 ④가 굳기 전에 피스타치오를 한 줄로 뿌린 다음 그 위에 템퍼링 한 다크초콜릿을 가늘게 짠다.
6 ⑤를 손에 묻어나지 않을 때까지 굳힌 다음 커터칼을 이용해 3㎝로 자른다.

B-1

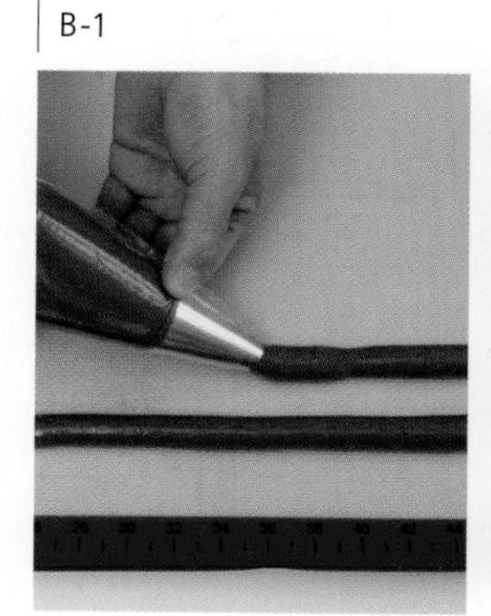

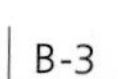

B-3

B-4

B-5

홍차밀크셸

홍차는 찻잎을 완전히 발효시켜 건조한 차입니다. 그런 만큼 품질이 천차만별입니다.
좋은 홍차는 우려냈을 때 떫은맛이 덜하고, 깊고 은은한 향이 납니다. 우리는 방법에서도 차이가 날 수 있으니
물의 온도와 시간에 주의해야 합니다. 홍차는 초콜릿과 궁합이 좋은 재료입니다.
홍차가 초콜릿의 나쁜 향을 중화하고 단맛도 조절해주기 때문입니다.

PREPARATION

A. 물 끓여 놓기
A. 밀크초콜릿 35℃로 녹이기
B. 밀크초콜릿 템퍼링 하기

YIELD

20개 분량

재료

A 홍차 가나슈

홍차 잎	2g
물	14g
생크림	33g
트리몰린	3.3g
밀크초콜릿	80g
그랑 마르니에	5g

B 마무리

밀크트뤼플셸	20개
밀크초콜릿	500g

A 홍차 가나슈

1 볼에 홍차 잎, 끓인 물을 넣고 랩을 씌운 다음 3분 동안 우린다.
TIP 홍차 잎을 장시간 우려낼 경우 떫은맛이 배어날 수 있으므로 주의한다.

2 냄비에 ①, 생크림, 트리몰린을 넣고 끓인 다음 체에 거른다.
TIP 체에 거른 홍차 잎은 깨끗하게 씻어서 말린 다음 분쇄기에 곱게 갈아 홍차가 들어가는 구움과자를 만들 때 사용하면 좋다.

3 35℃로 녹인 밀크초콜릿에 ②를 3~4회에 나누어 넣고 유화시킨다.
TIP 초콜릿에 액체류의 일부를 넣고 섞기 시작할 때부터 모든 재료를 유화시키는 것이 중요하다(40~45℃).

4 ③에 그랑 마르니에를 넣고 섞은 다음 핸드블렌더를 이용해 곱게 갈아 실온(15~18℃)에서 5시간 동안 안정시킨다.

B 마무리

1 밀크트뤼플셸에 A(홍차 가나슈)를 95%(약 7~8g) 정도 채운다.

2 비닐 짤주머니에 템퍼링 한 밀크초콜릿을 넣고 ① 위에 짜서 뚜껑을 만든 다음 굳힌다.

3 초콜릿 포크 위에 ②의 뚜껑을 아래로 향하게 올린 다음 템퍼링 한 밀크초콜릿에 디핑한다.
TIP 디핑할 때 여분의 초콜릿을 충분히 털어내지 않으면 흘러내린 초콜릿이 굳어 상품가치가 떨어진다.

4 다른 비닐 짤주머니에 템퍼링 한 밀크초콜릿을 넣고, 표면이 굳기 시작한 ③ 위에 얇게 여러 줄 짠다.

A-2

B-2

B-3

B-4

얼그레이 생초콜릿

생초콜릿은 부드럽게 먹을 수 있는 초콜릿이니만큼 사용하는 재료의 맛과 풍미도
가장 잘 표현할 수 있는 제품이지 않나 생각합니다. 홍차의 은은하면서도 깊은 향을 살리기 위해서
다크초콜릿 대신 밀크초콜릿을 사용했습니다. 밀크초콜릿은 다크초콜릿에 비해 응고력이 약하기 때문에
이를 보완하기 위해 카카오버터를 추가로 넣었습니다.

PREPARATION

A. 56×36㎝ 사각틀의 안쪽 면에 OPP비닐 붙이기
A. 물 끓이기
A. 밀크초콜릿 35℃로 녹이기
A. 카카오버터 50℃로 녹이기

YIELD

56×36㎝ 사각틀 1개 분량

재료

A 홍차 가나슈

홍차 잎	65g
물	190g
생크림	641g
트리몰린	142g
밀크초콜릿	1,710g
카카오버터	80g
그랑 마르니에	12g
버터	148g

B 마무리

코코아파우더	적당량

A 홍차 가나슈

1 볼에 홍차 잎, 끓인 물을 넣고 랩을 씌운 다음 3분 동안 우린다.
TIP 홍차 잎을 장시간 우려낼 경우 떫은맛이 배어날 수 있으므로 주의한다.

2 냄비에 ①, 생크림, 트리몰린을 넣고 끓인 다음 체에 거른다.

3 다른 볼에 35℃로 녹인 밀크초콜릿, 50℃로 녹인 카카오버터를 넣고 섞는다.

4 ③에 ②를 3~4회에 나누어 넣고 유화시킨다.
TIP 초콜릿에 액체류의 일부를 넣고 섞기 시작할 때부터 모든 재료를 유화시키는 것이 중요하다(40~45℃).

5 ④에 그랑 마르니에를 넣고 섞은 다음 25~30℃로 식힌다.

6 ⑤에 부드럽게 푼 버터를 넣고 섞은 다음 핸드블렌더를 이용해 곱게 간다.

7 OPP비닐을 붙인 56×36㎝ 사각틀에 ⑥을 2,800g 넣고 평평하게 편 다음 초콜릿 냉장고(10℃)에서 가나슈가 손에 묻어나지 않을 때까지 2시간 동안 굳힌다.

B 마무리

1 사각틀을 제거한 A(홍차 가나슈)를 2.5×2.5㎝ 크기로 자른 다음 코코아파우더를 2회 뿌린다.
TIP 생초콜릿은 냉동보관이 가능해 필요할 때 꺼내서 사용하면 된다.

A-2

A-4

A-6

B-1

녹차 생초콜릿

녹차를 과자에 사용하는 것이 쉽지는 않습니다. 시간이 지남에 따라 갈변 현상이 나타나기도 하고
쓴맛이 강하거나 향도 역할 수 있기 때문에 건강을 생각하는 게 아니라면
큰 메리트가 있는 재료는 아닙니다. 그렇기 때문에 더욱 좋은 녹차를 선택해 제품을 만들고,
햇빛이 들지 않는 곳에 보관하는 등 완제품의 관리에도 신경 써야 합니다.

PREPARATION

A. 56×36㎝ 사각틀의 안쪽 면에 OPP비닐 붙이기
A. 화이트초콜릿 30℃로 녹이기
A. 카카오버터 50℃로 녹이기

YIELD

56×36㎝ 사각틀 1개 분량

재료

A 녹차 가나슈

생크림	667g
트리몰린	147g
화이트초콜릿	1,777g
카카오버터	58g
말차파우더	61g
럼(바카디)	12g
버터	102g

B 마무리

말차파우더	적당량

말차는 4~5월초에 차광으로 재배한 찻잎을 따서 비비지 않고 건조한 다음 맷돌을 이용해 곱게 간 분말이다. 색이 짙고 선명하며, 쓴맛과 떫은맛이 적을수록 좋은 말차다.

A 녹차 가나슈

1 냄비에 생크림, 트리몰린을 넣고 끓인다.
2 볼에 30℃로 녹인 화이트초콜릿, 50℃로 녹인 카카오버터를 넣고 섞는다.
3 다른 볼에 말차파우더, ②의 일부를 넣고 섞은 다음 남은 ②에 넣고 섞는다.
4 ③에 ①을 3~4회에 나누어 넣고 유화시킨다.
TIP 초콜릿에 액체류의 일부를 넣고 섞기 시작할 때부터 모든 재료를 유화시키는 것이 중요하다(40~45℃).
5 ④에 럼을 넣고 섞은 다음 25~30℃로 식힌다.
6 ⑤에 부드럽게 푼 버터를 넣고 섞은 다음 핸드블렌더를 이용해 곱게 간다.
7 OPP비닐을 붙인 56×36㎝ 사각틀에 ⑥의 2,800g을 넣고 평평하게 편 다음 초콜릿 냉장고(10℃)에서 가나슈가 손에 묻어나지 않을 때까지 2시간 동안 굳힌다.

B 마무리

1 사각틀을 제거한 A(녹차 가나슈)를 2.5×2.5㎝ 크기로 자른 다음 말차파우더를 2회 뿌린다.
TIP 말차 또는 녹차를 이용한 제품은 빛에 약해 조명에 의해서도 갈변 현상이 쉽게 일어나기 때문에 주의가 필요하다.
TIP 생초콜릿은 냉동보관이 가능해 필요할 때 꺼내서 사용하면 된다.

A-4

A-5

A-7

B-1

밀크캐러멜

밀크캐러멜을 지금과 같은 수준으로 만들 수 있기까지 상당한 시간이 걸렸습니다.
배합 문제부터 온도 문제에 이르기까지 수도 없이 실수를 반복하면서 각 재료의 역할을
깊이 생각하게 되었고 그 결과 조금씩 더 나은 제품을 만들 수 있게 되었습니다.
앞으로도 더 맛있는 캐러멜을 만들기 위한 노력은 계속될 것입니다.

PREPARATION

- 바닐라빈 반으로 갈라서 씨 긁어내기
- 밀크초콜릿 35℃로 녹이기
- 실리콘 베이킹 매트 위에 40×60×2㎝ 틀 올려놓기

YIELD

40×60×2㎝ 틀 1개 분량

재료

우유	140g
생크림	1,680g
바닐라빈	1개
물엿	1,400g
꿀	140g
트리몰린	40g
소금	14g
트레할로스	400g
버터	100g
설탕	1,000g
밀크초콜릿	840g

1 냄비에 설탕, 밀크초콜릿을 제외한 모든 재료를 넣고 끓인다.
TIP 액체류를 끓이는 이유는 뜨거운 캐러멜과 차가운 액체류를 섞었을 때 온도 차이로 인해 캐러멜이 튀는 것을 방지하기 위해서이다.

2 동냄비에 설탕 한 줌을 넣고 설탕이 녹을 때까지 가열한다.
TIP 설탕은 주걱으로 젓지 않고 동냄비를 돌려가며 녹이는 것이 좋다.

3 ②에 남은 설탕을 나누어 넣고 황갈색이 날 때(동냄비의 바닥이 보일 정도)까지 끓인다.
TIP 설탕이 다 녹고 색이 나는 단계에서 불의 세기를 조절하지 않으면 원하는 색의 캐러멜을 만들기 어렵다.

4 ③을 약불로 줄인 다음 ①을 조금씩 넣으면서 캐러멜이 굳지 않도록 거품기를 이용해 섞는다.
TIP 녹인 설탕에 끓인 액체류를 넣을 때 내용물이 튈 수 있으므로 주의한다.

5 ④를 알맞은 되기(약 124℃)가 될 때까지 강불로 가열한다.
TIP 찬물(여름 25~30℃, 겨울 15~20℃)에 캐러멜 반죽을 조금 떨어뜨린 다음 굳은 캐러멜을 손으로 만져서 되기를 확인하는 것도 좋다.

6 ⑤에 35℃로 녹인 밀크초콜릿을 넣고 섞은 다음 틀에 부어 평평하게 편다.

7 ⑥을 손가락으로 눌렀을 때 자국이 남지 않을 때까지 실온에서 굳힌 다음 틀에서 제거해 3×3㎝ 크기로 자른다.

3

4

5

6

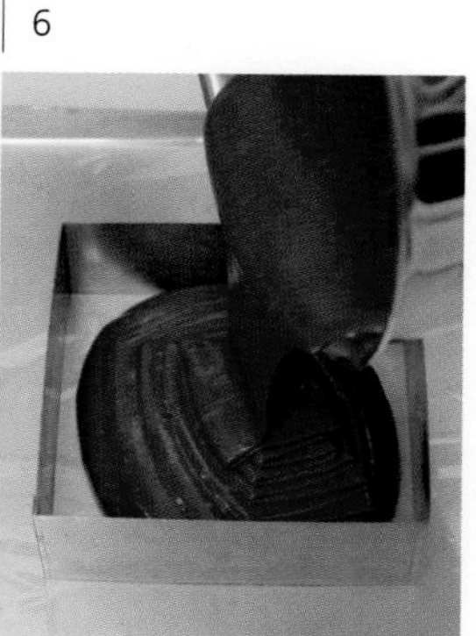

초콜릿 템퍼링

수냉법을 이용한

화이트커버추어초콜릿 템퍼링 방법

- 재료 : 화이트커버추어초콜릿A 100g, 화이트커버추어초콜릿B(다진 것) 5g
- 작업장 온도 : 18~20℃, 습도 50% 이하(습도가 너무 높으면 작업이 불가함)

1 찬물(10~15℃) 위에 40~42℃로 녹인 화이트커버추어초콜릿A를 올린 다음 천천히 저으면서 30℃까지 온도를 낮춘다.

2 ①에 화이트커버추어초콜릿B를 넣고 25~26℃가 될 때까지 섞는다.

3 팔레트 나이프 또는 유산지의 끝부분에 ②를 찍어 초콜릿이 굳는 상태를 확인한다.

TIP 냉장고에서 10초, 실온에서 30~60초 안에 굳기 시작하면 템퍼링이 제대로 된 것이다.

TIP 수냉법으로 초콜릿을 템퍼링 하는 경우는 볼의 크기에 신경을 쓰는 것이 좋다. 찬물이 들어있는 볼이 초콜릿이 들어있는 볼보다 클 경우 초콜릿 안으로 물이 들어 갈 가능성이 높기 때문에 주의한다.

TIP 밀크 또는 화이트초콜릿에는 분유가 들어있기 때문에 전자레인지에 넣고 녹일 경우 타기 쉽다. 따라서 30초 간격으로 초콜릿을 꺼내서 섞은 다음 서서히 녹이는 것이 좋다.

수냉법을 이용한

다크커버추어초콜릿 템퍼링 방법

- 작업장 온도 : 18~20℃, 습도 50% 이하(습도가 너무 높으면 작업이 불가함)

1 찬물(10~15℃) 위에 50℃로 녹인 다크커버추어초콜릿을 올린 다음 천천히 저으면서 27~28℃까지 온도를 낮춘다.

2 팔레트 나이프 또는 유산지의 끝부분에 ①을 찍어 굳는 상태를 확인한다.

TIP 냉장고에서 2~3초, 실온에서 10초 안에 굳기 시작하면 템퍼링이 제대로 된 것이다.

3 ②를 중탕볼, 약불, 전자레인지, 드라이기 등을 이용해 초콜릿의 온도를 30~32℃로 맞춘 다음 사용한다.

TIP 수냉법으로 초콜릿을 템퍼링 하는 경우는 볼의 크기에 신경을 쓰는 것이 좋다. 찬물이 들어있는 볼이 초콜릿이 들어있는 볼보다 클 경우 초콜릿 안으로 물이 들어 갈 가능성이 높기 때문에 주의한다.

TIP 템퍼링이 제대로 되지 않으면 초콜릿이 잘 굳지 않을 뿐만 아니라 팻 블룸 또는 슈거 블룸 현상이 일어난다. 블룸 현상이 일어난 초콜릿은 색이 탁해져서 광택이 없으며 하얀 얼룩 등이 생긴다. 또한 시간이 지날수록 카카오버터의 결정 입자가 굵어져 식감에도 영향을 미친다.

대리석을 이용한
밀크커버추어초콜릿 템퍼링 방법

• 작업장 온도 : 18~20℃, 습도 50%이하(습도가 너무 높으면 작업이 불가함)

1 물기가 없고 깨끗한 대리석 위에 40~45℃로 녹인 밀크커버추어초콜릿 ⅔를 붓는다.
2 팔레트 나이프를 이용해 ①을 얇게 편 다음 좌우, 앞뒤로 모으고 펼치는 작업을 반복해 26~27℃까지 온도를 낮춘다.
3 팔레트 나이프 또는 유산지의 끝부분에 ②를 찍어 초콜릿이 굳는 상태를 확인한다.
TIP 냉장고에서 2~3초, 실온에서 10초 안에 굳기 시작하면 템퍼링이 제대로 된 것이다.
4 남은 밀크커버추어초콜릿에 ③을 넣고 고무주걱을 이용해 섞는다(온도 29~30℃).
TIP 온도가 높으면 ④의 일부를 대리석 위에 다시 부어 ②의 작업을 반복한다.
TIP 온도가 낮으면 중탕볼, 약불, 전자레인지, 드라이기 등을 이용해 초콜릿의 온도를 29~30℃까지 높인다.

온도계 더 깊이 알기

온도계는 과자를 만들 때 없어서는 안 될 필수 도구 중에 하나이다. 온도계는 눈금 종류에 따라 다음과 같이 세 가지로 분류할 수 있으며 눈금이 달라도 환산법에 따라 온도 가늠이 가능하다.

• 온도계의 종류

①섭씨(℃) : 얼음이 녹는 온도를 0℃, 물이 끓는 온도를 100℃로 한 것.
②화씨(℉) : 얼음이 녹는 온도를 32℃, 물이 끓는 온도를 212℃로 한 것.
③열씨(°R) : 얼음이 녹는 온도를 0℃, 물이 끓는 온도를 80℃로 한 것.

• 온도 환산법

①℃→°R : ℃÷1.25 혹은 ℃×⅘
②℃→℉ : ℃×1.8+32 혹은 ℃×⁹⁄₅+32
③°R→℃ : °R×1.25 혹은 °R×⁵⁄₄
④°R→℉ : °R×2.25+32 혹은 °R×⁹⁄₄+32
⑤℉→℃ : (℉−32)÷1.8 혹은 (℉−32)×⁵⁄₉
⑥℉→°R : (℉−32)÷2.25 혹은 (℉−32)×⁴⁄₉

Chapter 07

특별하지 않은 날 특별한 잼

Jam

무화과 잼

산딸기 잼

키위 잼

망고 잼

얼그레이밀크 잼

아로니아 잼

공주알밤 잼

스페셜 투톤 잼

SUNGSIMDANG 53

무화과 잼

무화과는 밀감과 같이 겨울에 기온이 너무 낮은 지역에서는 재배가 어렵습니다.
가지치기에 따라 다를 수는 있지만 4월부터 10월까지는 수확이 가능합니다.
익은 열매를 일단 수확하고 나면 보존 기간이 짧으니 가능하면 빨리 사용해야 합니다.
화과 잼은 튀지 않는 맛이라 어느 것에 곁들여 먹든 무난하게 잘 어울리면서도
씨가 오독오독 씹히는 식감이 색다릅니다.

PREPARATION

B. 잼을 담을 병 뜨거운 물로 소독한 다음 오븐에서 말리기

YIELD

200cc 병 5개 분량

재료

A 무화과 전처리

무화과	770g
설탕	77g

B 마무리

A(무화과 전처리)	전량(全量)
설탕	340g
물엿	117g
레몬즙	13g
호두(구운 것)	186g

잼을 오븐에서 살균할 수도 있다. 먼저 냄비에 깨끗한 행주를 깔고 잼을 올려 뚜껑 아랫부분까지 물(50~60℃)을 채운다. 윗불 170℃, 아랫불 170℃ 오븐에서 30분 또는 윗불 150℃, 아랫불 150℃ 오븐에서 40분 동안 살균한다. 그 다음 오븐에서 잼을 꺼내 뚜껑이 밑을 향하도록 뒤집어서 식힌다.

A 무화과 전처리

1 볼에 모든 재료를 넣고 섞은 다음 랩을 씌워 냉장고에서 하루 동안 숙성시킨다.

B 마무리

1 냄비에 A(무화과 전처리)를 넣고 내용물이 타지 않도록 저으면서 중불로 가열한다.

TIP 가열하는 동안 생기는 거품은 국자로 떠서 제거한다.

2 ①이 끓기 시작하면 설탕 ⅓을 넣고 섞는다.

3 ②가 다시 끓기 시작하면 다시 설탕 ⅓을 넣고 섞는다.

4 ③에 남은 설탕, 물엿을 넣고 섞은 다음 적당한 되기(103.5℃)가 될 때까지 가열한다(Brix 63).

TIP Brix는 잼의 온도가 20~25℃일 때 당도계 위에 떨어뜨려 재는 것이 좋다.

5 ④를 불에서 내려 레몬즙, 호두를 넣고 섞은 다음 병에 200g씩 담고 뚜껑을 꼭 닫는다.

TIP 잼에 레몬즙을 넣으면 산미를 더할 뿐만 아니라 선명한 색상, 응고력, 살균효과까지 얻을 수 있다.

6 냄비에 깨끗한 행주를 깔고 ⑤를 올린 다음 뚜껑 아랫부분까지 물(분량 외)을 채워 30분 동안 끓인다.

7 ⑥을 물에서 꺼내 뚜껑이 밑으로 향하도록 뒤집어 진공상태로 만든 다음 실온에서 20℃까지 식힌다.

A-1

A-1

B-4

B-7

산딸기 잼

산딸기를 사용해서 만든 잼입니다. 이 제품은 수입산 산딸기를 사용했지만 전북 고창에서 많이 생산되는 복분자를 사용해 만들 수도 있습니다. 하지만 복분자와 수입산 산딸기는 산미와 당도에서 차이가 나기 때문에 비슷한 제품을 만들려면 산과 당을 추가해야 할 것입니다.

PREPARATION

B. 잼을 담을 병 뜨거운 물로 소독한 다음 오븐에서 말리기

YIELD

200cc 병 4개 분량

재료

A 산딸기 전처리

산딸기(라즈베리)	1,000g
설탕	100g

B 마무리

A(산딸기 전처리)	전량(全量)
설탕	250g
물엿	125g
레몬즙	6.6g

잼을 오븐에서 살균할 수도 있다. 먼저 냄비에 깨끗한 행주를 깔고 잼을 올려 뚜껑 아랫부분까지 물(50~60℃)을 채운다. 윗불 170℃, 아랫불 170℃ 오븐에서 30분 또는 윗불 150℃, 아랫불 150℃ 오븐에서 40분 동안 살균한다. 그 다음 오븐에서 잼을 꺼내 뚜껑이 밑을 향하도록 뒤집어서 식힌다.

A 산딸기 전처리

1 볼에 모든 재료를 넣고 섞은 다음 랩을 씌워 냉장고에서 하루 동안 숙성시킨다.

B 마무리

1 냄비에 A(산딸기 전처리)를 넣고 내용물이 타지 않도록 저으면서 중불로 가열한다.
2 ①이 끓기 시작하면 설탕 ⅓을 넣고 섞는다.
3 ②가 다시 끓기 시작하면 다시 설탕 ⅓을 넣고 섞는다.
4 ③에 남은 설탕, 물엿을 넣고 섞은 다음 적당한 되기(103~104℃)가 될 때까지 가열한다(Brix 63).
TIP Brix는 잼의 온도가 20~25℃일 때 당도계 위에 떨어뜨려 재는 것이 좋다.
5 ④를 불에서 내려 레몬즙을 넣고 섞은 다음 병에 200g씩 담고 뚜껑을 꼭 닫는다.
TIP 잼에 레몬즙을 넣으면 산미를 더할 뿐만 아니라 선명한 색상, 응고력, 살균효과까지 얻을 수 있다.
6 냄비에 깨끗한 행주를 깔고 ⑤를 올린 다음 뚜껑 아랫부분까지 물(분량 외)을 채워 30분 동안 끓인다.
7 ⑥을 물에서 꺼내 뚜껑이 밑으로 향하도록 뒤집어 진공상태로 만든 다음 실온에서 20℃까지 식힌다.

B-1

B-4

B-5

B-7

키위 잼

키위는 가능하면 잘 익은 것을 사용해야 깊은 향과 맛이 납니다. 모든 과일이 대부분 그렇지만 너무 높은 온도에서 오랜 시간 끓이다 보면 색상이 흐려지고 과일 향도 약해집니다. 진공과 고압을 통해 끓이는 온도를 낮추고 시간을 단축하면 보다 질 좋은 잼을 만들 수 있을 것입니다.

PREPARATION

B. 잼을 담을 병 뜨거운 물로 소독한 다음 오븐에서 말리기

YIELD

200cc병 3개 분량

재료

A 키위 전처리

키위	1,000g
설탕	100g

B 마무리

A(키위 전처리)	전량(全量)
설탕	250g
물엿	125g
레몬즙	13g

잼을 오븐에서 살균할 수도 있다. 먼저 냄비에 깨끗한 행주를 깔고 잼을 올려 뚜껑 아랫부분까지 물(50~60℃)을 채운다. 윗불 170℃, 아랫불 170℃ 오븐에서 30분 또는 윗불 150℃, 아랫불 150℃ 오븐에서 40분 동안 살균한다. 그 다음 오븐에서 잼을 꺼내 뚜껑이 밑을 향하도록 뒤집어서 식힌다.

A 키위 전처리

1 잘 익은 키위를 깨끗이 씻고 껍질과 심지를 제거한 다음 1㎝×1㎝×5㎜ 크기로 썬다.

2 볼에 ①, 설탕을 넣고 섞은 다음 랩을 씌워 냉장고에서 하루 동안 숙성시킨다.

B 마무리

1 냄비에 A(키위 전처리)를 넣고 내용물이 타지 않도록 저으면서 중불로 가열한다.

2 ①이 끓기 시작하면 설탕 ⅓을 넣고 섞는다.

3 ②가 다시 끓기 시작하면 다시 설탕 ⅓을 넣고 섞는다.

4 ③에 남은 설탕, 물엿을 넣고 섞은 다음 적당한 되기(103.5℃)가 될 때까지 가열한다(Brix 58).

TIP Brix는 잼의 온도가 20~25℃일 때 당도계 위에 떨어뜨려 재는 것이 좋다.

TIP 잼을 끓이는 동안 거품이 떠오르면 국자를 이용해 제거한다.

5 ④를 불에서 내려 레몬즙을 넣고 섞은 다음 병에 200g씩 담고 뚜껑을 꼭 닫는다.

TIP 잼에 레몬즙을 넣으면 산미를 더할 뿐만 아니라 선명한 색상, 응고력, 살균효과까지 얻을 수 있다.

6 냄비에 깨끗한 행주를 깔고 ⑤를 올린 다음 뚜껑 아랫부분까지 물(분량 외)을 채워 30분 동안 끓인다.

7 ⑥을 물에서 꺼내 뚜껑이 밑으로 향하도록 뒤집어 진공상태로 만든 다음 실온에서 20℃까지 식힌다.

A-2

B-4

B-5

B-5

망고 잼

열대과일인 망고는 잼뿐만이 아니라 디저트에 널리 사용되는 과일이며
우리나라 사람들에게 잘 맞는 맛과 식감을 지니고 있습니다. 망고에는 단백질 분해효소인
브로멜라인이 들어 있어 열을 가해 분해효소를 약화시킨 후 사용해야 합니다.

PREPARATION

B. 잼을 담을 병 뜨거운 물로 소독한 다음 오븐에서 말리기

YIELD

200cc 병 5개 분량

재료

A 망고 전처리

냉동 망고	1,110g
설탕	111g

B 마무리

A(망고 전처리)	전량(全量)
설탕	187g
레몬즙	21g

잼을 오븐에서 살균할 수도 있다. 먼저 냄비에 깨끗한 행주를 깔고 잼을 올려 뚜껑 아랫부분까지 물(50~60℃)을 채운다. 윗불 170℃, 아랫불 170℃ 오븐에서 30분 또는 윗불 150℃, 아랫불 150℃ 오븐에서 40분 동안 살균한다. 그 다음 오븐에서 잼을 꺼내 뚜껑이 밑을 향하도록 뒤집어서 식힌다.

A 망고 전처리

1 볼에 2㎝로 깍둑썰기 한 냉동 망고, 설탕을 넣고 섞은 다음 랩을 씌워 냉장고에서 하루 동안 숙성시킨다.

B 마무리

1 냄비에 A(망고 전처리)를 넣고 내용물이 타지 않도록 저으면서 중불로 가열한다.

2 ①이 끓기 시작하면 설탕 ⅓을 넣고 섞는다.

3 ②가 다시 끓기 시작하면 다시 설탕 ⅓을 넣고 섞는다.

4 ③에 남은 설탕을 넣고 섞은 다음 적당한 되기(103~104℃)가 될 때까지 가열한다(Brix 63).

TIP Brix는 잼의 온도가 20~25℃일 때 당도계 위에 떨어뜨려 재는 것이 좋다.

5 ④를 불에서 내려 레몬즙을 넣고 섞은 다음 병에 200g씩 담고 뚜껑을 꼭 닫는다.

TIP 잼에 레몬즙을 넣으면 산미를 더할 뿐만 아니라 선명한 색상, 응고력, 살균효과까지 얻을 수 있다.

6 냄비에 깨끗한 행주를 깔고 ⑤를 올린 다음 뚜껑 아랫부분까지 물(분량 외)을 채워 30분 동안 끓인다.

7 ⑥을 불에서 꺼내 뚜껑이 밑으로 향하도록 뒤집어 진공상태로 만든 다음 실온에서 20℃까지 식힌다.

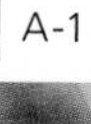

A-1

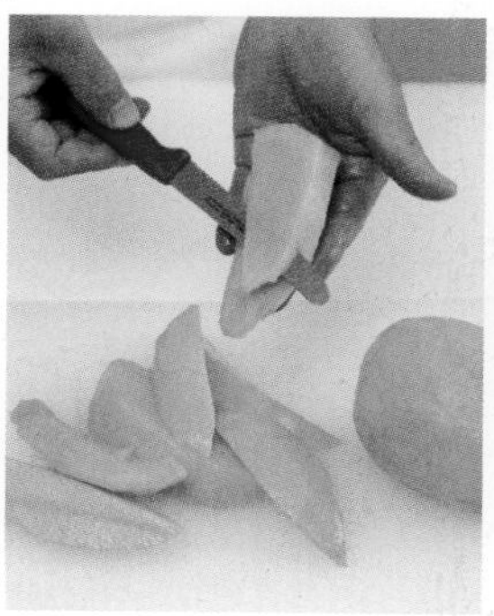

A-1

B-4

B-5

얼그레이밀크 잼

홍차가 들어간 밀크 잼으로 홍차의 떫은맛이 너무 많이 나거나
너무 달지 않아야 합니다. 진한 맛을 내기 위해 생크림을
우유 양의 20%만큼 넣었습니다. 홍차는 사용할 분량만
그때그때 바로 갈아서 사용하면 최상의 풍미를
이끌어낼 수 있습니다.

PREPARATION

- 잼을 담을 병 뜨거운 물로 소독한 다음 오븐에서 말리기
- 푸드프로세서에 얼그레이 잎을 넣고 곱게 갈기

YIELD

200cc 병 3개 분량

재료

우유	830g
생크림	166g
설탕	464g
물엿	40g
얼그레이 잎	5g

잼을 오븐에서 살균할 수도 있다. 먼저 냄비에 깨끗한 행주를 깔고 잼을 올려 뚜껑 아랫부분까지 물(50~60℃)을 채운다. 윗불 170℃, 아랫불 170℃ 오븐에서 30분 또는 윗불 150℃, 아랫불 150℃ 오븐에서 40분 동안 살균한다. 그 다음 오븐에서 잼을 꺼내 뚜껑이 밑을 향하도록 뒤집어서 식힌다.

1 냄비에 우유, 생크림, 설탕 ⅓을 넣고 내용물이 타지 않도록 저으면서 중불로 가열한다.

2 ①이 끓기 시작하면 설탕 ⅓을 한 번 더 넣고 섞는다.

3 ②가 다시 끓기 시작하면 남은 설탕, 물엿을 넣고 섞은 다음 약불로 가열한다.

4 ③을 적당한 되기(103~104℃)가 될 때까지 가열한 다음 불에서 내려 갈아 놓은 얼그레이 잎을 넣고 섞는다(Brix 72.9).

TIP Brix는 잼의 온도가 20~25℃일 때 당도계 위에 떨어뜨려 재는 것이 좋다.

5 병에 ④를 200g씩 담고 뚜껑을 꼭 닫는다.

6 냄비에 깨끗한 행주를 깔고 ⑤를 올린 다음 뚜껑 아랫부분까지 물(분량 외)을 채워 30분 동안 끓인다.

7 ⑥을 물에서 꺼내 뚜껑이 밑으로 향하도록 뒤집어 진공상태로 만든 다음 실온에서 20℃까지 식힌다.

아로니아 잼

아로니아 잼에 사용한 아로니아는 대전에 위치한 산내베리팜에서 자식처럼 애지중지 일궈 수확한 지역 농산물입니다. 어떻게든 제품화하고자 노력한 끝에 2년이란 시간에 걸쳐 개발해냈습니다. 처음에는 떫은맛이 너무 강해 버리는 일도 허다했습니다. 그래서 즙만 짜 잼을 끓였더니 이번엔 양이 너무 줄어 원가부담률이 너무 높았습니다. 궁여지책 끝에 떫은맛을 중화시킬 바나나와 아로니아를 최적의 비율로 조합해 제품을 완성했습니다.

PREPARATION

B. 잼을 담을 병 뜨거운 물로 소독한 다음 오븐에서 말리기

YIELD

200cc 병 3개 분량

재료

A. 아로니아 전처리

아로니아	1,000g
설탕	500g

B 마무리

A(아로니아 전처리)	500g
바나나	100g
아로니아	100g
레몬즙	10g

잼을 오븐에서 살균할 수도 있다. 먼저 냄비에 깨끗한 행주를 깔고 잼을 올려 뚜껑 아랫부분까지 물(50~60℃)을 채운다. 윗불 170℃, 아랫불 170℃ 오븐에서 30분 또는 윗불 150℃, 아랫불 150℃ 오븐에서 40분 동안 살균한다. 그 다음 오븐에서 잼을 꺼내 뚜껑이 밑을 향하도록 뒤집어서 식힌다.

A. 아로니아 전처리

1 볼에 모든 재료를 넣고 섞은 다음 랩을 씌워 약 8일 동안 실온(20℃)에 둔다.

2 면포에 ①을 올린 다음 즙을 짠다.

B 마무리

1 냄비에 A(아로니아 전처리), 바나나, 아로니아를 넣고 내용물이 타지 않도록 저으면서 중불로 가열한다.

TIP 가열하는 동안 생기는 거품은 국자로 떠서 제거한다.

2 ①을 적당한 되기(103~104℃)가 될 때까지 가열한 다음 불에서 내려 레몬즙을 넣고 섞는다(Brix 65).

TIP Brix는 잼의 온도가 20~25℃일 때 당도계 위에 떨어뜨려 재는 것이 좋다.

TIP 잼에 레몬즙을 넣으면 산미를 더할 뿐만 아니라 선명한 색상, 응고력, 살균효과까지 얻을 수 있다.

3 병에 ②를 200g씩 담고 뚜껑을 꼭 닫는다.

4 냄비에 깨끗한 행주를 깔고 ③을 올린 다음 뚜껑 아랫부분까지 물(분량 외)을 채워 30분 동안 끓인다.

5 ④를 물에서 꺼내 뚜껑이 밑으로 향하도록 뒤집어 진공상태로 만든 다음 실온에서 20℃까지 식힌다.

A-1 | B-1 | B-1 | B-4

공주알밤 잼

공주는 국내 최대의 밤 생산지입니다. 가까운 곳에 좋은 재료의 산지가 있다는 것은
셰프로서 매우 행복한 일이 아닐 수 없습니다. 그렇지만 좋은 재료를 사용하는 것이 다는 아닙니다.
보관성을 높이려고 여러 가공 과정을 거치면 재료 본연의 맛을 잃을 수도 있기 때문입니다.
하지만 이 레시피처럼 밤을 직접 삶아 잼으로 만들면 어디에도 비할 바 없이 풍미가 좋습니다.

PREPARATION

B. 잼을 담을 병 뜨거운 물로 소독한 다음 오븐에서 말리기
B. 바닐라빈 반으로 갈라서 씨 긁어내기

YIELD

200cc 병 5개 분량

재료

A 밤 전처리

밤(껍질 벗긴 것)	588g
물	적당량

B 마무리

A(밤 전처리)	전량(全量)
설탕	441g
바닐라빈	½개
물엿	103g
물	294g
럼	18g

잼을 오븐에서 살균할 수도 있다. 먼저 냄비에 깨끗한 행주를 깔고 잼을 올려 뚜껑 아랫부분까지 물(50~60℃)을 채운다. 윗불 170℃, 아랫불 170℃ 오븐에서 30분 또는 윗불 150℃, 아랫불 150℃ 오븐에서 40분 동안 살균한다. 그 다음 오븐에서 잼을 꺼내 뚜껑이 밑을 향하도록 뒤집어서 식힌다.

A 밤 전처리

1 압력솥에 밤, 물을 넣고 밤이 완전히 익을 때까지 찐다.
TIP 물은 밤이 잠길 정도로 넣고 압력솥의 추에서 소리가 나기 시작하면 약불로 줄인 다음 7~8분 동안 더 찐다.

B 마무리

1 냄비에 A(밤 전처리), 설탕, 바닐라빈 씨, 물엿, 물을 넣고 10분 동안 끓인다.

2 푸드프로세서에 ①을 넣고 곱게 간 다음 다시 냄비로 옮겨 적절한 되기(103~104℃)가 될 때까지 가열한다(Brix 70).
TIP Brix는 잼의 온도가 20~25℃일 때 당도계 위에 떨어뜨려 재는 것이 좋다.

3 ②를 불에서 내려 럼을 넣고 섞은 다음 병에 200g씩 담고 뚜껑을 꼭 닫는다.

4 냄비에 깨끗한 행주를 깔고 ③을 올린 다음 뚜껑 아랫부분까지 물(분량 외)을 채워 30분 동안 끓인다.

5 ④를 물에서 꺼내 뚜껑이 밑으로 향하도록 뒤집어 진공상태로 만든 다음 실온에서 20℃까지 식힌다.

B-1

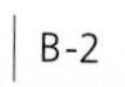

B-2

B-2

B-2

스페셜 투톤 잼

잼을 시중에서 사 먹을 때마다 너무 달고 양이 많아, 싫어도 한 병을 다 먹을 때까지
다른 잼 맛은 볼 수 없는 점이 항상 아쉬웠습니다. 그래서 좋아하는 잼 두 가지를 반씩 한 병에 담아
이 제품을 만들었습니다. 처음에는 두 잼이 섞여 실패하기도 했지만 이 레시피대로라면
실패 없이 만족스러운 잼을 만들 수 있습니다.

PREPARATION

E. 잼을 담을 병 뜨거운 물로 소독한 다음 오븐에서 말리기

YIELD

200cc 병 5개 분량

재료

A 망고 전처리

냉동 망고	550g
설탕	55g

B 망고 잼

A(망고 전처리)	전량(全量)
설탕	126g
레몬즙	10g

C 딸기 전처리

딸기	450g
설탕	45g

D 딸기 잼

C(딸기 전처리)	전량(全量)
설탕	200g
레몬즙	13g

A,B 망고 잼 만들기

망고 잼은 p.213의 A(망고 전처리)와 B(마무리 공정 5까지)를 참고해 만든다.

C, D 딸기 잼 만들기

딸기 잼은 본 레시피의 재료를 토대로 p.209의 A(산딸기 전처리)와 B(마무리 공정 5까지)를 참고해 만든다.

E 마무리

1 병에 B(망고 잼)를 100g 넣고 그 위에 D(딸기 잼)를 100g 넣은 다음 뚜껑을 꼭 닫는다.
2 냄비에 깨끗한 행주를 깔고 ①을 올린 다음 뚜껑 아랫부분까지 물(분량 외)을 채워 30분 동안 끓인다.
3 ②를 물에서 꺼내 뚜껑이 밑으로 향하도록 뒤집어 진공상태로 만든 다음 실온에서 20℃까지 식힌다.

잼을 오븐에서 살균할 수도 있다. 먼저 냄비에 깨끗한 행주를 깔고 잼을 올려 뚜껑 아랫부분까지 물(50~60℃)을 채운다. 윗불 170℃, 아랫불 170℃ 오븐에서 30분 또는 윗불 150℃, 아랫불 150℃ 오븐에서 40분 동안 살균한다. 그 다음 오븐에서 잼을 꺼내 뚜껑이 밑을 향하도록 뒤집어서 식힌다.

B

C

D

E-1

기본배합표

과자를 만들 때 가장 중요한 것은 배합이다. 기본 배합을 잘 따르는 것도 중요하지만 무엇보다도 자신만의 배합을 만들 수 있어야 한다. 각 재료의 역할을 이해하면 배합을 조정해 원하는 맛과 질감의 제품을 자유자재로 만들 수 있다. 또한 특정 재료가 부족할 때는 다른 재료로 대체하는 등의 임기응변 능력도 기를 수 있어야 한다.
이 책에서는 다음과 같은 배합을 기본으로 제품의 특성에 맞춰 조금씩 변화를 준 배합을 사용하고 있다. 본문의 레시피와 배합표를 비교해보며 배합에 따른 맛과 질감의 변화에 주목하여 자신만의 배합을 찾는 노하우를 단련해보자.

딸기밭 과수원길 (p.14)

단위 g

스펀지 반죽		달걀	밀가루	설탕	물	버터	베이킹 파우더	우유	기타	적용
공립법	무거운 스펀지	1,000	1,000	1,000		100~1,000				• 버터는 밀가루 대비 100%까지 증감 가능 • 밀가루보다 설탕이 많으면 롤케이크 가능
	표준 스펀지	1,000	700	700		0~600				
	가벼운 스펀지	1,000	500	500		0~400				
별립법	핑거	1,000(흰자)	500	500						
	엔젤	1,000(흰자)	500	500		300	10	200	50(럼)	
유화제 사용 스펀지		1,000	1,000	1,000	400	100			70 (유화제)	

성심성의 파운드 (p.18)

유지 반죽		밀가루	버터	설탕	달걀	적용
파운드케이크		1,000	1,000	1,000	1,000	기본 4동(同) 배합, 밀가루가 1,000일 때 버터는 340까지 줄일 수 있으나 통상 500을 사용함
바움쿠헨	슈가배터법 플라워배터법 올인믹싱법	500+500(전분)	1,000	1,000	2,500	별립법으로 하기도 함 (생크림 등 부재료도 사용)
프루츠케이크	액체 쇼트닝 사용	1,000	1,000	1,000	1,000	• 프루츠믹스를 가루 대비 1~8배까지 넣음 • 버터의 일부를 액체 쇼트닝으로 대체 가능

딸기우유 푸딩 (p.112)

응고 반죽	우유	설탕	달걀	젤라틴	생크림	기타	적용
젤리		300	32~64(흰자)	30~35		1000(물)	• 흰자는 이물질 제거용, 흰자 대신 레몬필을 사용할 때도 있음
바바루아 오 프뤼이		1,000		25		1000(과일 퓌레), 레몬즙(1개 분량)	
크렘 바바루아즈	1,000	250	288(노른자)	25	1,000		
커스터드 푸딩	1,000	250~300	400				달걀 4개, 노른자 8개로 하는 경우도 있음

딸기 마카롱 (p.124)

머랭		밀가루	버터	설탕	달걀	생크림	우유	기타	적용
머랭 기본	프렌치 머랭			1,000	512				설탕을 그대로 넣음
	이탈리안 머랭			1,000	512				시럽(117℃)를 넣음
	스위스 머랭			1,000	512				설탕을 넣고 열을 가함
머랭 응용	슈크세			1,000	1,024			1000 (아몬드 파우더)	밀가루 50까지 추가 가능
	수플레	250	10	350	360(노른자) 960(흰자)		1,000	5(소금)	

민트 마카롱 (p.140)

버터크림	버터	설탕	달걀	물	우유	적용
크렘 앙글레즈 응용	1,000	500	288		500	소스 앙글레즈에도 사용, 수분이 많아 빨리 상하지만 입 안에서 잘 녹음
파트 아 봉부 응용	1,000	500	432	150~160		
이탈리안 머랭 응용	1,000	500	384	150~160		
커스터드크림 응용	1,000	500	250			

사랑해 쿠키 (p.161)

파트 아 퐁세		밀가루	버터	설탕	달걀	물	소금	적용
파트 살레		1,000	500~700	100		380	20	소량의 설탕을 넣는 경우도 있음
파트 쉬크레	기본	1,000	500	500	200	150(달걀)		달걀 100은 물 75 혹은 생크림 104 혹은 우유 78로 교체 가능
	응용1	1,000	750	250	120			달걀은 가루, 설탕, 버터의 10%
	응용2	1,000	250	750	280			버터 25는 물 10(40%)과 상응

세바스티앙 (p.192)

파트 다망드	아몬드	설탕	적용
공예용	1,000	2,000	껍질 벗긴 아몬드와 설탕에 소량의 물을 갈아서 페이스트 상태로 만듦 물을 넣지 않고 아몬드와 설탕을 1:1 비율을 갈아 분말로 만들면 T.P.T가 됨
파트 다망드 크뤼	1,000	1,000	
마지판 로마세	1,000	500	

홍차밀크셸 (p.194)

가나슈	생크림	초콜릿	연유	리큐어	특징
가나슈1	1,000	1,000		200	부드러움
가나슈2	500(설탕)	1,000	400	200	됨
가나슈3	300	1,000	500(세미초코)	200	

원가계산표

훌륭한 파티시에가 되기 위해선 무엇보다도 고객을 만족시킬 수 있는 제품을 만들어야 한다. 그러나 그에 못지 않게 매장 운영에 도움이 되는 제품을 개발하는 것도 중요하다. 아무리 고객들에게 인기가 많은 제품이라도 실제로는 수익성이 떨어진다면 그 의미는 퇴색될 것이다. 수익성 있는 제품을 개발하기 위해선 먼저 제품의 원가를 정확히 산출할 수 있어야 한다. 그래야 정확한 비용을 파악할 수 있고 적절한 가격을 책정해 알맞은 이익을 창출할 수 있다.

원가계산방법

1 원재료의 g당, 내지는 최소단위의 가격을 뽑는다.
2 최소단위 가격 곱하기 배합량을 하면 배합에 들어간 원재료비가 나온다.
3 총 원재료 원가에서 제품 1개당 원재료 원가를 산출한다.
4 판매가를 먼저 결정한 경우 1개당 원재료 원가 비율을 구할 수 있다.
5 그 중에 노무비, 경비, 일반관리비를 빼면 순이익이 산출된다.

「딸기밭 과수원길」로 응용한 실제 원가계산표(2호 2개 분량)

구분	원재료명	중량	g당 단가	재료별 비용
반죽	달걀	218g	2원	436원
	노른자	18g	2원	36원
	물엿	18g	0.772원	13.896원
	설탕	160g	0.8원	128원
	박력분	160g	0.82원	131.2원
	바닐라농축액	0.8g	54.55원	43.64원
	베이킹파우더	1.8g	2.1원	3.78원
	우유	22g	1.36원	29.92원
	버터	44g	5원	220원
	소계			**1,042원**
기본생크림	생크림(41%)	760g	6.58원	5000.8 원
	설탕	45g	0.8원	36원
	소계			**5,037원**
시럽	정제수	100g	0원	0원
	설탕	50g	0.8원	40원
	소계			**40원**

마무리	딸기a	160g	865.6원	
	파예테 푀양틴	4g	65.6원	
	미루아르	20g	107.6원	
	딸기b	80g	432.8원	
	소계			**1,472원**
구분	**재료명**	**개수**	**개당 단가**	**재료별 비용**
포장지	마름모(대)	2개	150원	300원
	케이크바닥2호	2개	319원	638원
	케이크박스2호	2개	492.8원	985.6원
	중칼	2개	43원	86원
	소계			**2,010원**
총합계				**9,600원**

원재료 원가 비율

2개		1개	
원재료 원가	9,600원	제품 가격	32,000원
		원재료 원가	4,800원
		원재료 원가 비율	15%

항목당 비율

항목	비율	금액
제조원가	**43%**	**13,760원**
원재료비	15%	4,800원
노무비	21%	6,720원
경비(복리후생비, 소모품, 전열, 수도, 가스, 임대료, 감가상각, 판감비)	7%	2,240원
일반관리비(관리부서운영비)	**10%**	**3,200원**
소계	**53%**	**16,960원**
순이익	**47%**	**15,040원**
총합계	**100%**	**32,000원**

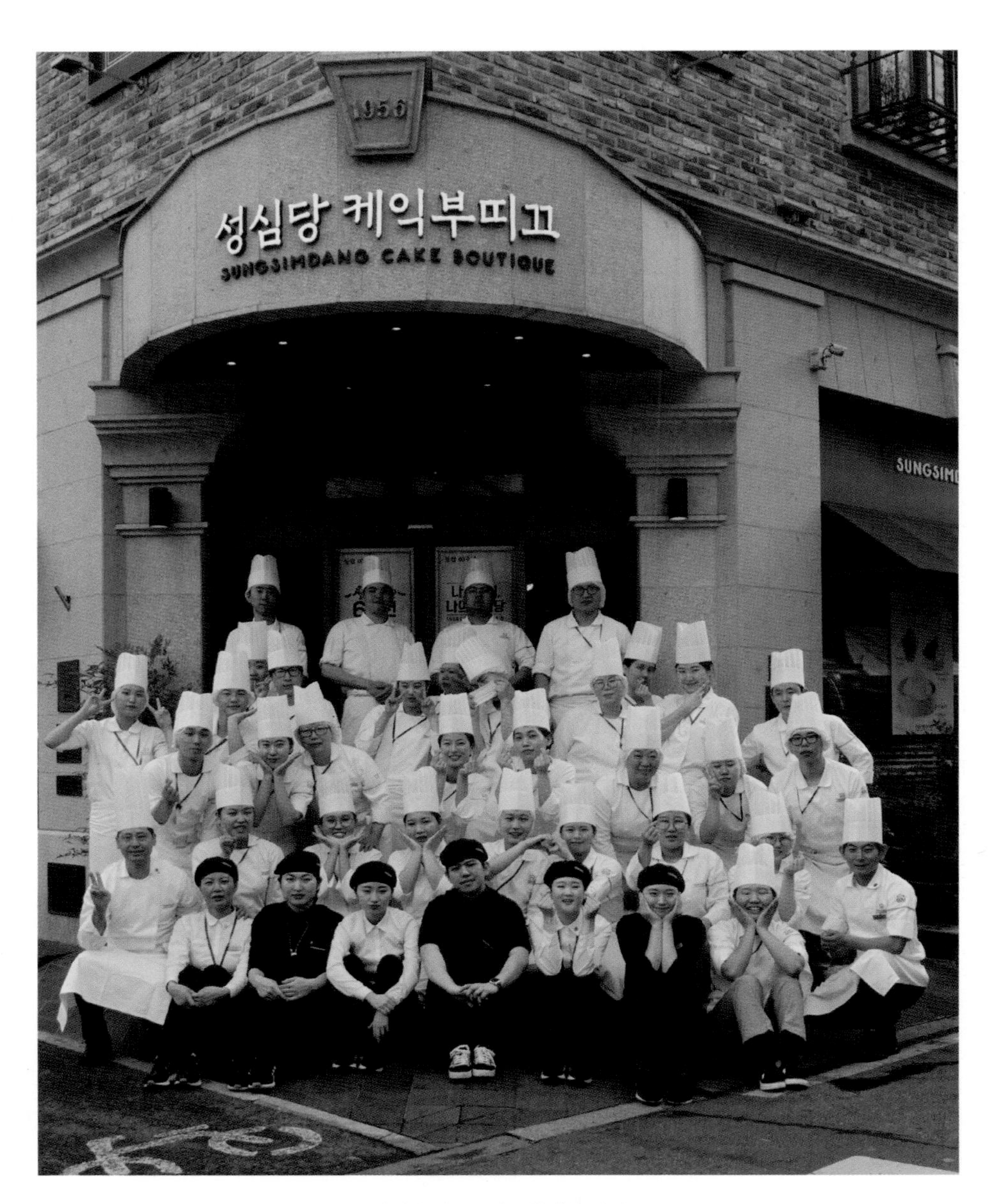

성심당 케익부띠끄 은행동 본점

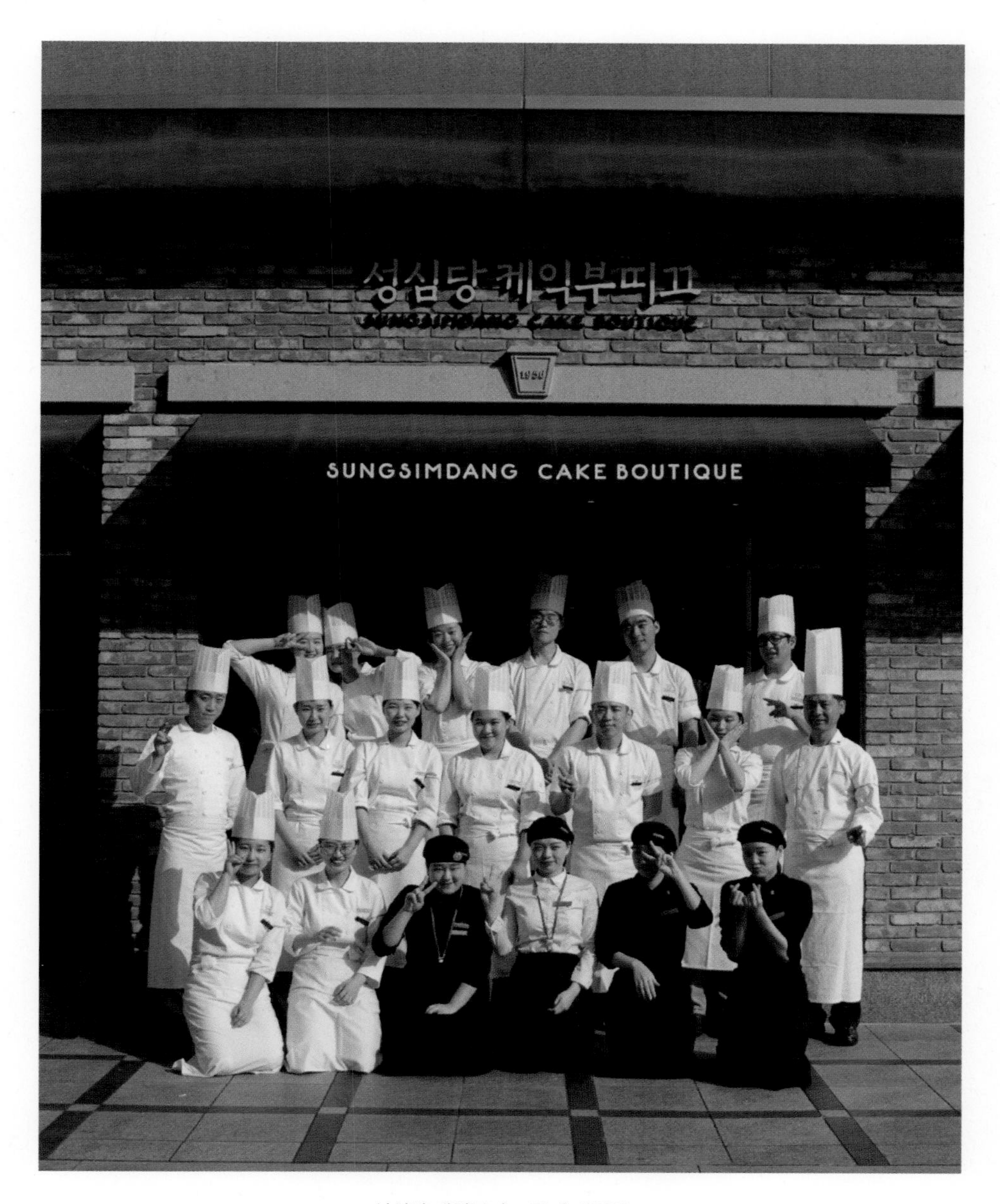

성심당 케익부띠끄 롯데 대전점

핵심 제품까지 공개한

성심당 케이크 레시피

저　　자 | 안종섭
발 행 인 | 장상원

증보판 1쇄 | 2024년 5월 27일
　　　2쇄 | 2024년 7월 22일
발 행 처 | (주)비앤씨월드 출판등록 1994.1.21 제 16-818호
서울시 강남구 청담동 40-19번지 서원빌딩 3층
전화 02)547-5233 팩스 02)549-5235

편　　집 | 비앤씨월드 출판부
사　　진 | 서상신
일러스트 | 박선향
스타일링 | 김채정(부어크)
디 자 인 | 박갑경

ISBN | 979-11-86519-81-3 13590

www.bncworld.co.kr